新能源汽车维护实训

XINNENGYUAN QICHE WEIHU SHIXUN

高等职业院校实训系列教材

主　　编　王会平

副 主 编　郭锐辛　马　波　李小强

参编人员　葛建云

兰州大学出版社
LANZHOU UNIVERSITY PRESS

图书在版编目（CIP）数据

新能源汽车维护实训 / 王会平主编. -- 兰州 : 兰州大学出版社, 2025. 1. --（高等职业院校实训系列教材 / 赵彦军, 张德龙总主编）. -- ISBN 978-7-311-06700-7

Ⅰ. U469.707

中国国家版本馆 CIP 数据核字第 2024JB2745 号

责任编辑　张　仁　哈雨昕
封面设计　倪德龙

书　　名　新能源汽车维护实训
　　　　　XINNENGYUAN QICHE WEIHU SHIXUN
作　　者　王会平　主　编
出版发行　兰州大学出版社　（地址：兰州市天水南路222号　730000）
电　　话　0931-8912613（总编办公室）　0931-8617156（营销中心）
网　　址　http://press.lzu.edu.cn
电子信箱　press@lzu.edu.cn
印　　刷　兰州银声印务有限公司
开　　本　787 mm×1092 mm　1/16
成品尺寸　185 mm×258 mm
印　　张　12.5
字　　数　248千
版　　次　2025年1月第1版
印　　次　2025年1月第1次印刷
书　　号　ISBN 978-7-311-06700-7
定　　价　48.00元

（图书若有破损、缺页、掉页，可随时与本社联系）

Preface 前言

随着新能源汽车技术的快速发展和国家政策扶持力度的增大，新能源汽车售后服务人员的需求逐步增加，很多职业院校已经开设或准备开设新能源汽车技术专业。但是目前市场上关于新能源汽车维修方面的书籍很少，并且大多是理论研究，实训教材较少。为了让更多人，特别是新能源汽车技术专业的学生和维修新能源汽车的售后服务人员，对新能源汽车有更深入的了解，甘肃机电职业技术学院结合“新能源汽车1+X”证书试点方案、技能大赛和日常教学内容编写了本实训教材。

本书可作为职业院校新能源汽车专业实训教材，也可供相关从业人员参考。本书包括理论知识、实训操作、考核评分等模块，通过对汽车维修企业的真实技术案例和实际工作流程的讲解，力图贴近生产一线，让读者对所学内容有进一步的理解。本教材由甘肃机电职业技术学院副教授王会平担任主编，甘肃机电职业技术学院讲师郭锐辛、马波、李小强担任副主编。其中，项目一由马波、郭锐辛、李小强编写，项目二、三由郭锐辛编写，项目四由马波编写，项目五由李小强编写。

由于编者水平有限，书中难免有不足之处，恳请相关领域的专家和广大读者批评指正。

编　者

2024年7月

本教材配套微课资源使用说明

针对本教材配套微课资源的使用，特做如下说明：本教材配套的微课资源以二维码形式呈现，手机扫描即可进行相应知识点的学习。

具体微课名称及扫码位置见下表：

序号	微课名称	扫码位置
1	安全防护作业	第3页
2	日常维护操作	第31页
3	动力电池的维护	第49页
4	充配电总成的维护	第68页
5	充电系统的维护	第77页
6	驱动电机及控制器的检查	第89页
7	减速器总成的维护	第102页
8	减速器油的更换	第103页
9	减速器总成的拆装	第109页
10	冷却系统的维护	第122页
11	更换空调滤芯	第135页
12	雨刮器刮水片的更换	第146页
13	车轮动平衡检测调整	第179页

Contents 目 录

项目一

新能源汽车维护保养准备

思政讲堂

“不惰者，众善之师也。”劳动本就是培养吃苦耐劳、艰苦奋斗品质的沃野，人们在长期实践中拥有了劳动精神、劳模精神、工匠精神等宝贵的精神财富。把劳动的种子深植在青少年心中，有助于让他们懂得“伟大出自平凡，平凡造就伟大”的价值理念，知晓“共和国的大厦是靠一块块砖垒起来的，人民是真正的英雄”的历史哲理，实现“在新时代新征程中奋勇争先、建功立业”的奋斗目标。热爱劳动，不懈奋斗，一切美好的东西都能创造出来。

实训目标

(1) 熟悉新能源汽车作业前的标准流程。

(2) 掌握万用表常用功能的操作方法。

(3) 掌握绝缘电阻测试仪的操作方法。

(4) 掌握电动汽车 PDI 作业流程。

(5) 能正确对新车进行交付检查。

(6) 熟悉新能源汽车的日常维护项目。

(7) 掌握使用相应工具和设备对新能源汽车进行日常作业的正确方法和步骤。

(8) 增强遵守纪律、安全操作的意识，培养爱岗敬业、精益求精的工匠精神。

任务一　新能源汽车作业前的准备

任务介绍

小张在某新能源汽车4S店担任维修技术人员，今天有一辆新能源汽车进店做首次保养，需要小张来完成这项任务。小张需要明确汽车维修车间的安全注意事项，并按照标准流程进行维护前的场地布置，使用相应的设备和工具完成此次维护保养工作。

任务分析

由于新能源汽车动力电池具有高电压，因此在维护作业前，首先需要按照标准流程布置维护场地，掌握用电的相关知识和防护措施，并认真做好个人安全防护准备工作，在良好的防护前提下才能开展后续维护保养工作。

相关知识

1.认识万用表

图1-1所示为自动量程手持式钳形万用表，用于测量交、直流电压，交、直流电流，浪涌电流，电阻，频率，占空比，电容，温度，二极管的好坏与极性，电路通断等；并具有数据保持、最大或最小值测量、相对值测量、低通滤波、数据记录和回读、欠压显示和自动关机等功能。万用表在新能源汽车维护作业中一般用来测量直流电压和电阻。

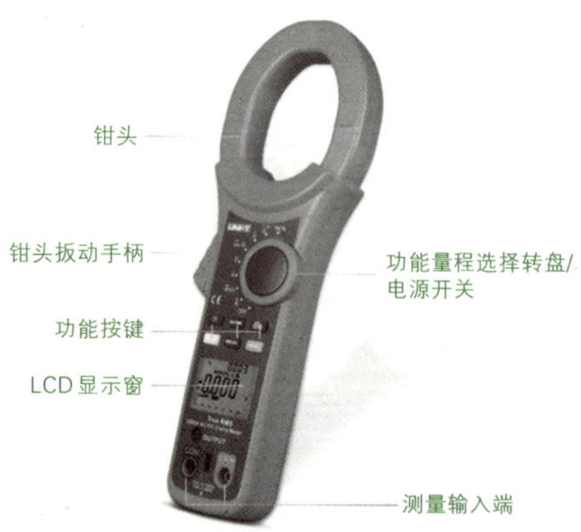

图1-1　钳形万用表

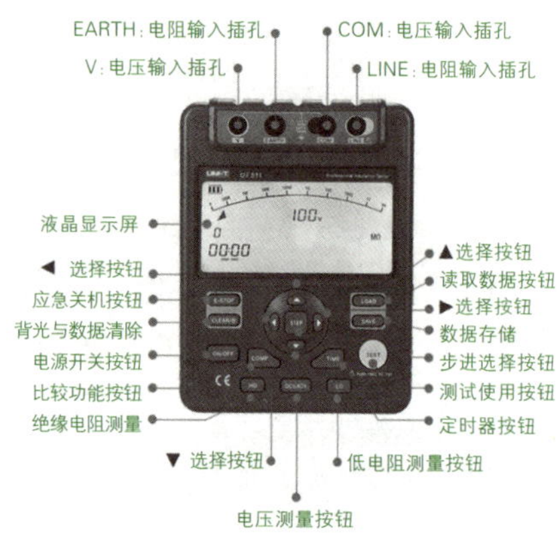

图1-2　绝缘电阻测试仪

2.认识绝缘电阻测试仪

图1-2所示为绝缘电阻测试仪，整机电路由大规模集成电路和数字电路组成，仪器配有强大的测量和数据处理软件，可完成绝缘电阻、电压、低电阻等参数测量。绝缘电阻测试仪在新能源汽车维护作业中一般用来测量绝缘橡胶地垫的绝缘电阻以及检测车身和地面之间的绝缘性能。

实践操作

安全防护作业

1.安全防护作业

（1）设置隔离带，如图1-3所示。

（2）安放警示牌，如图1-4所示。

（3）安装车轮挡块，如图1-5所示。

（4）检查灭火器，如图1-6所示。

图1-3　隔离带

图1-4　警示牌

图1-5　车轮挡块

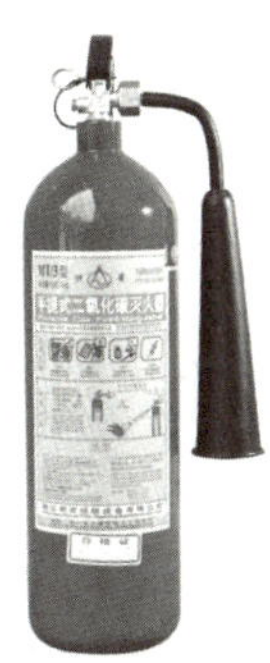

图1-6　灭火器

（5）检查绝缘手套的绝缘等级及外观状况，如图1-7所示。

（6）检查护目镜，如图1-8所示。

（7）检查安全帽，如图1-9所示。

图 1-7　绝缘手套

图 1-8　护目镜

图 1-9　安全帽

（8）检查绝缘鞋，如图 1-10 所示。

（9）穿戴绝缘手套、绝缘鞋、安全帽和护目镜，如图 1-11 所示。

图 1-10　绝缘鞋

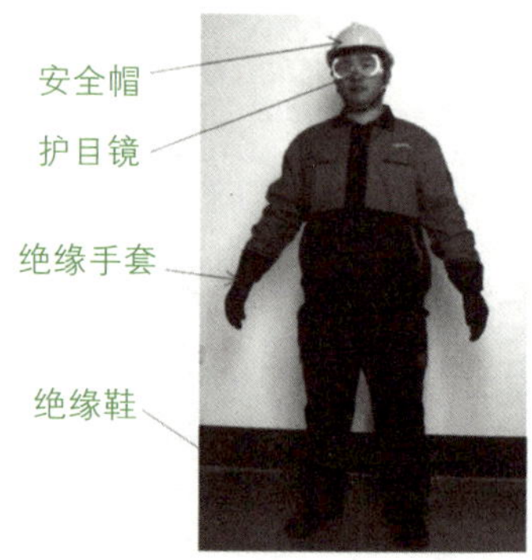

图 1-11　绝缘套装

2. 常用设备及工具使用

（1）绝缘电阻测试仪短路测试，正常数值应为 0 MΩ，如图 1-12 所示。

（2）绝缘电阻测试仪开路测试，正常数值应为 OL MΩ（无穷大），如图 1-13 所示。

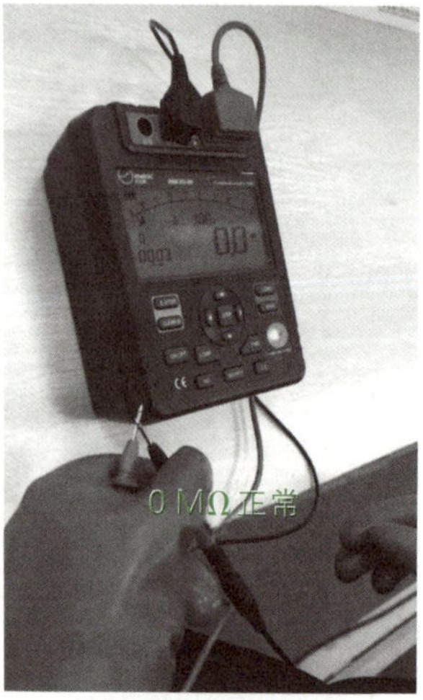

图 1-12　短路测试

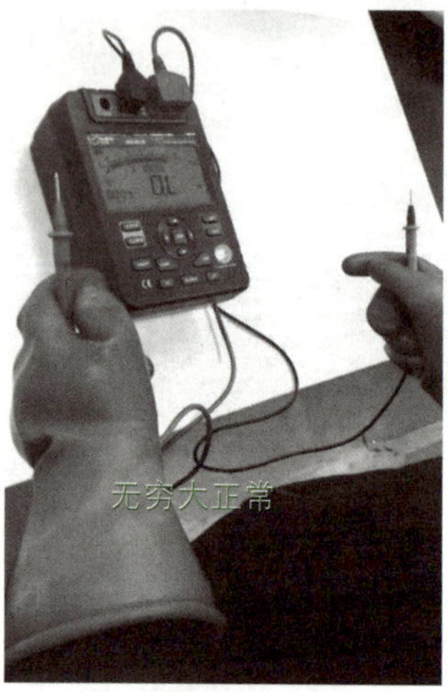

图 1-13　开路测试

（3）测量橡胶地垫四个角的绝缘电阻，如图1-14所示。

（4）铺设车内三件套，如图1-15所示。

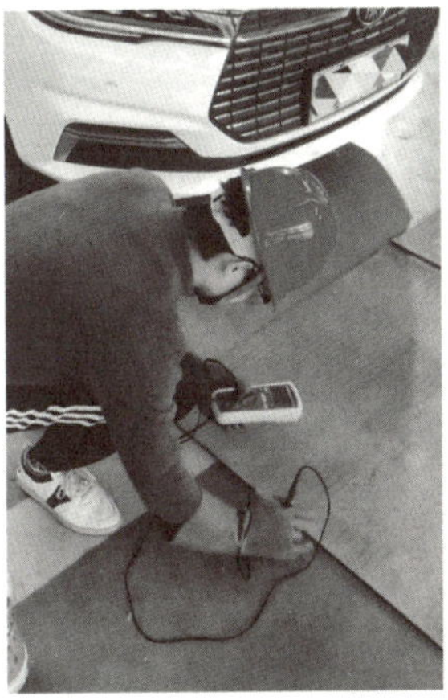

图1-14　绝缘电阻测量

图1-15　铺设车内三件套

（5）测量蓄电池静态电压，如图1-16所示。首先对万用表进行校表，打到直流20 V电压挡，在车辆不上电的状态下测量蓄电池电压，此电压为静态电压，正常数值应为12 V左右。

（6）车辆上电，降下驾驶员侧车窗。

（7）测量蓄电池动态电压，如图1-17所示。首先对万用表进行校表，打到直流20 V电压挡，在车辆上电的状态下测量蓄电池电压，此电压为动态电压，正常数值应为13 V左右。

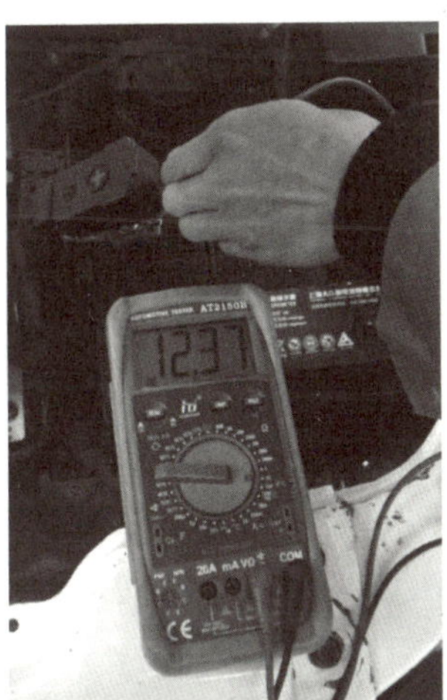

图1-16　静态电压测量

图1-17　动态电压测量

（8）车辆下电。

思考与练习

1. 填空题

（1）在新能源汽车维护作业中一般用万用表来测量______和______。

（2）在新能源汽车维护作业中一般用______来测量绝缘橡胶地垫的绝缘电阻以及检测车身和地面之间的绝缘性能。

2. 简答题

（1）安全防护作业主要有哪些流程？

（2）万用表具有哪些测量功能？

（3）在实训车间使用绝缘电阻测试仪测量前应先完成什么任务？

任务一工单　新能源汽车作业前的准备任务

1.任务分组

班级		组号		指导老师	
组长		学号			
小组成员	姓名	学号	角色分工		
			监护人员		
			操作人员		
			记录人员		
			评分人员		

2.任务准备

设备、工具、耗材准备：举升机、万用表、绝缘电阻测试仪、绝缘手套、耐磨手套、护目镜、安全帽。

3.任务实施

新能源汽车作业前的准备				
车型：			行驶里程：	
VIN码：			电机型号：	
项目及序号		检查作业内容	数据或异常情况记录	维护措施
准备工作	1	车辆的停放	□是 □否	
	2	设置隔离带	□是 □否	
	3	安放警示牌	□是 □否	
	4	安装车轮挡块	□是 □否	
	5	检查灭火器	□是 □否	
	6	检查绝缘手套	□是 □否	
	7	检查护目镜	□是 □否	

项目及序号		检查作业内容	数据或异常情况记录	维护措施
准备工作	8	检查安全帽	□是 □否	
	9	检查绝缘鞋	□是 □否	
	10	穿戴绝缘手套、绝缘鞋、安全帽和护目镜	□是 □否	
测量绝缘地垫绝缘电阻值	1	绝缘电阻测试仪正常开机	□是 □否	
	2	红、黑表笔接线正确	□是 □否	
	3	完成短路测试	□是 □否	
	4	完成开路测试(电压调至1 000 V挡位)	□是 □否	
	5	分别选择绝缘地垫四角	□是 □否	
	6	将红表笔接触橡胶地垫上表面	□是 □否	
	7	将黑表笔接地	□是 □否	
	8	根据橡胶地垫四角绝缘阻值判断绝缘性能	□是 □否	
检测蓄电池电压	1	铺设车内三件套	□是 □否	
	2	打开前机舱盖	□是 □否	
	3	万用表校表	□是 □否	
	4	测量蓄电池静态电压	□是 □否	
	5	车辆上电并降下驾驶员侧车窗	□是 □否	
	6	测量蓄电池动态电压	□是 □否	
	7	车辆下电	□是 □否	
6S整理	1	拆除车内三件套,关闭前机舱盖	□已完成 □未完成	
	2	清点工具,场地6S管理	□已完成 □未完成	
总体状况描述				
总体建议				

4. 考核评价

项目及序号		维护作业内容	评价标准	得分
准备工作（30分）	1	车辆的停放	将车辆停放在干燥、平坦、通风的场地，拉起手刹，车辆下电	
	2	设置隔离带	隔离带放置位置正确	
	3	安放警示牌	警示牌放置位置正确	
	4	安装车轮挡块	车轮挡块放置位置正确	
	5	检查灭火器	灭火器种类正确及压力正常	
	6	检查绝缘手套	绝缘等级正确，外观无破损	
	7	检查护目镜	镜片无破损	
	8	检查安全帽	外壳无破损，绑带良好	
	9	检查绝缘鞋	绝缘等级正确，外观无破损	
	10	穿戴绝缘手套、绝缘鞋、安全帽和护目镜	穿戴正确	
测量绝缘地垫绝缘电阻值（40分）	1	绝缘电阻测试仪正常开机	屏幕正常显示	
	2	红、黑表笔接线正确	红表笔插“LINE”端口，黑表笔插“EARTH”端口	
	3	完成短路测试	测量结果显示为0 MΩ	
	4	完成开路测试	电压调至1 000 V挡位，测量结果显示为OL MΩ	
	5	分别选择绝缘地垫四角	选择位置正确	
	6	将红表笔接触橡胶地垫上表面	表笔接触位置正确	
	7	将黑表笔接地	接地良好	
	8	根据橡胶地垫四角绝缘阻值判断绝缘性能	四角绝缘阻值均为OL MΩ	

项目及序号		维护作业内容	评价标准	得分
检测蓄电池电压（20分）	1	铺设车内三件套	车内三件套安装齐全且正确	
	2	打开前机舱盖	正确找到前机舱盖开关并支撑稳固	
	3	万用表校表	电阻挡校表测量结果显示为0 MΩ	
	4	测量蓄电池静态电压	正负极接线正确，测量结果为12 V左右	
	5	车辆上电并降下驾驶员侧车窗	正确上电并降下车窗	
	6	测量蓄电池动态电压	正负极接线正确，测量结果为13 V左右	
	7	车辆下电	车辆断电	
6S整理（10分）	1	拆除车内三件套，关闭前机舱盖	完全拆除三件套，前机舱盖锁闭	
	2	清点工具，场地6S管理	工具完全复位，场地清理干净	

任务二　新车交付检查

任务介绍

客户王先生在4S店购买了一辆新能源汽车，约定明天来提车，为了保证服务与品质，经理安排PDI专员今天给王先生的新车做一次新车PDI。如果你是PDI专员，你能够完成这项任务吗?

任务分析

新车交付检查主要检查车身外观在运输过程中是否发生剐蹭、磕碰，内饰有无破损，各功能是否正常。

相关知识

1.PDI的定义

PDI是英文Pre-Delivery Inspection的缩写，即新车的交付前检查。PDI是交车过程的一部分，是产品交付给客户前的质量检查。PDI能够确保车辆整体完好无损、各功能工作正常，是交车前检查初始车况是否符合质量要求的非常重要的环节，也是与客户保持良好关系的开始。PDI是售前转向售后的关键一步，能够弥补前期工作的不足，提高客户满意度。

2.PDI的检查顺序

PDI的检查顺序如图1-18所示，应依次进行车辆外部和内部的检查。

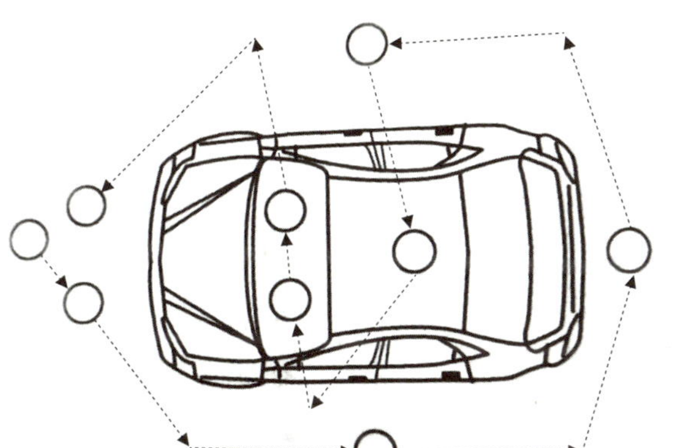

图1-18　PDI的检查顺序

实践操作

1.作业前准备

（1）安装车外防护套件，如车轮挡块、翼子板布、前格栅布等，如图1-19、1-20所示。

（2）安装车内防护三件套，如座椅套、地板垫及转向盘护套等，如图1-21所示。

（3）降下驾驶员侧的车窗玻璃，如图1-22所示。

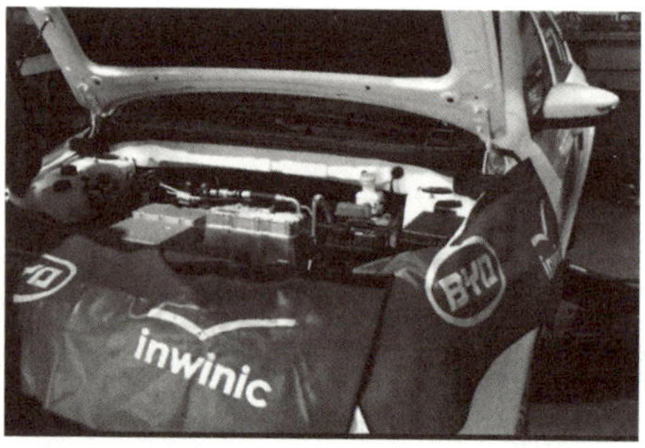

图1-19　安装车外三件套

图1-20　安装车轮挡块

图1-21　安装车内三件套

图1-22　降下驾驶员侧车窗

2.车辆整体检查

（1）通过目测的方式，检查车辆前风窗玻璃下是否有VIN码、3C认证、合格证，如图1-23、1-24所示。

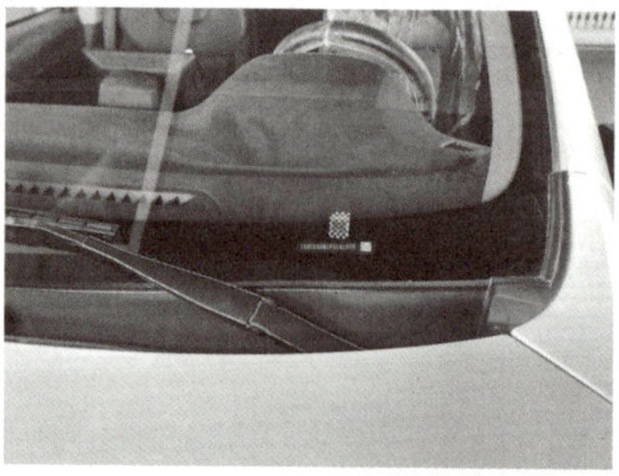

图1-23　VIN码

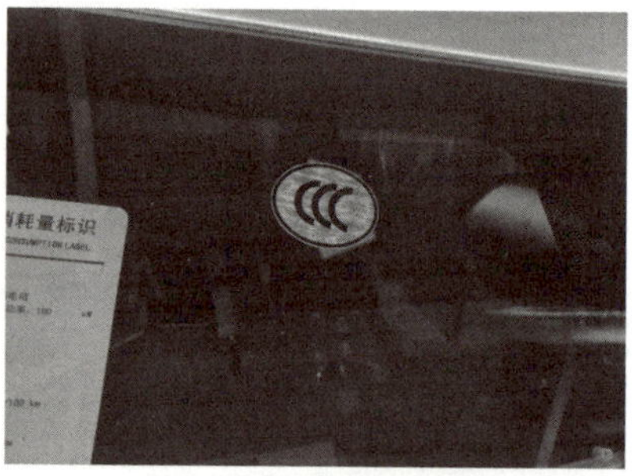

图1-24　整车3C认证

（2）通过遥控钥匙打开门锁，检查遥控钥匙是否正常工作，防盗系统是否正常，如图1-25所示。

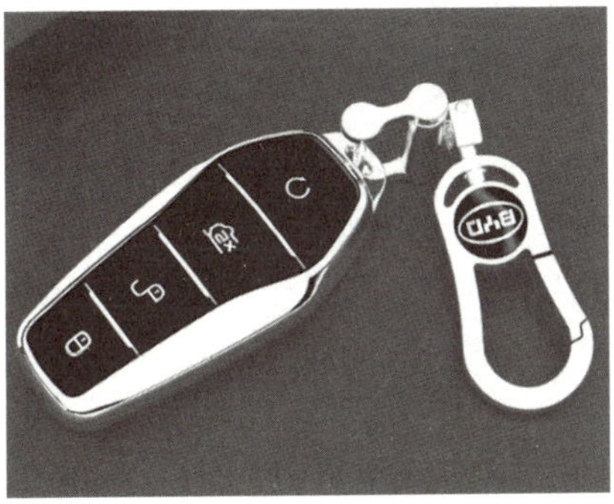

图1-25　遥控钥匙

图1-26　轮胎型号

（3）检查轮胎型号、轮胎生产日期、胎压、里程数数据，如图1-26、1-27所示。

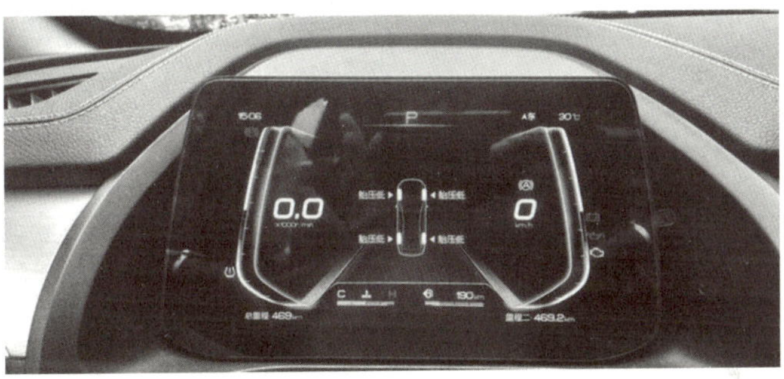

图1-27　车机系统胎压监测及里程数数据

3. 车辆前部检查

（1）检查前机舱盖、保险杠外部漆面。

（2）检查雨刮器是否完整，有无异物。

（3）检查前大灯、转向灯、雾灯灯罩外观，灯罩内部有无水汽。

4. 车辆左侧检查

（1）检查车顶、车门、左翼子板、左A/B/C/D柱等漆面是否平整，有无剐蹭，有无色差。

（2）检查轮胎气压标签是否安装，字体是否清晰，信息是否准确，如图1-28所示。

（3）检查后视镜漆面是否正常，镜面安装是否正确、是否能手动折叠。

（4）检查门把手漆面颜色，是否能实现儿童锁功能。

（5）检查门上饰条、密封条、内饰门板有无损伤，缝隙是否过大，密封性是否良好。

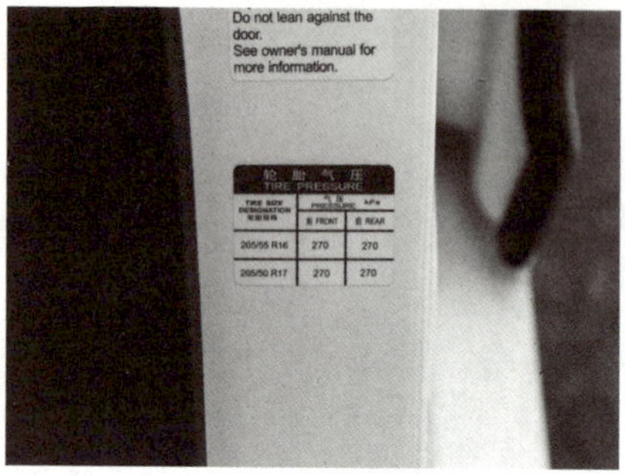

图1-28 轮胎气压标签

5. 车辆后部检查

（1）检查后备箱盖或后尾门漆面是否平整，有无剐蹭，有无色差；测试门锁打开和关闭力度，如图1-29所示。

图1-29 后备箱盖

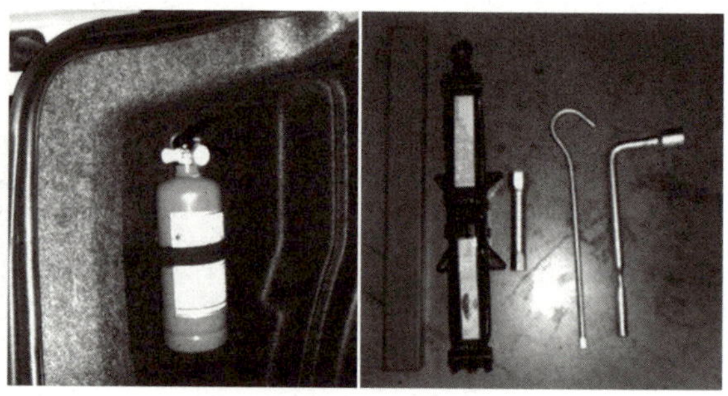

图1-30 车载随车工具

（2）检查后保险杠、牌照板、徽标安装是否整齐，漆面是否平整、有无色差。

（3）检查尾灯灯罩是否完好、有无破损，灯罩内部有无水汽。

（4）检查后备箱内部是否有VIN码，地毯安装是否平齐。

（5）检查后备箱内是否配备备胎、充电线、工具包、千斤顶、三角牌、灭火器等随车工具，如图1-30所示。

6. 车辆右侧检查

（1）检查车顶、车门、右翼子板、右A/B/C/D柱等漆面是否平整，有无剐蹭，有无色差。

（2）检查车辆铭牌、标签是否安装，字体是否清晰，信息是否准确。

（3）检查后视镜漆面是否正常，镜面安装是否正确、是否能手动折叠。

（4）检查门把手漆面颜色，是否能实现儿童锁功能。

（5）检查门上饰条、密封条、内饰门板有无损伤，缝隙是否过大，密封性是否良好。

（6）检查慢充口漆面颜色是否正常，充电口盖锁是否正常，如图1-31所示。

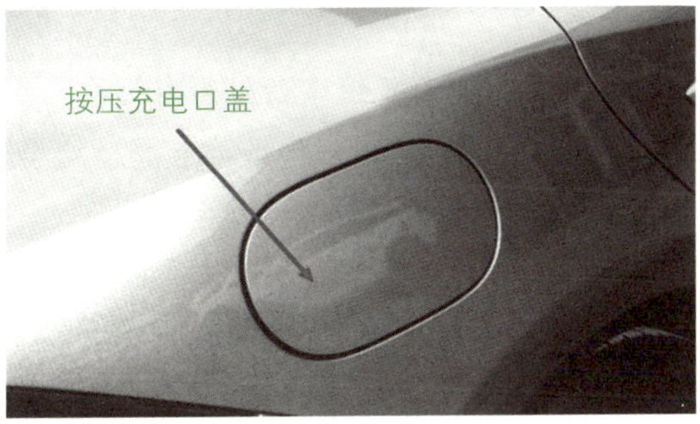

图 1-31　充电口盖

7. 坐在后排座椅上检查

（1）检查车内顶衬、上扶手、座椅是否有污物、褶皱等，如图 1-32 所示。

图 1-32　车内顶衬

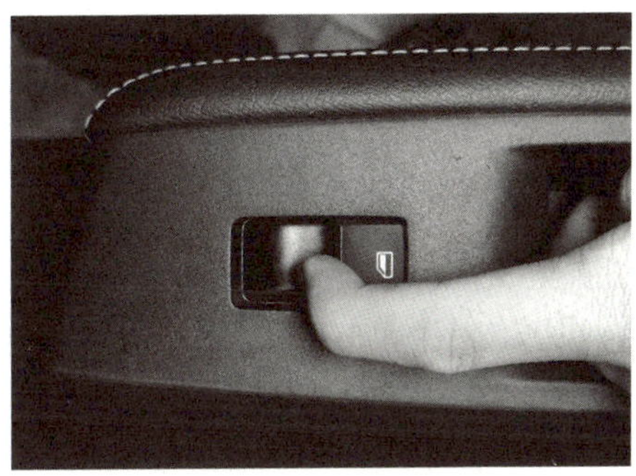

图 1-33　车窗开关

（2）检查车窗玻璃能否正常开启、关闭，开闭过程中是否有异响、卡滞，如图 1-33 所示。

（3）检查地毯、座椅安装是否合理。

（4）检查座椅靠背、头枕调节是否正常，有无卡滞，如图 1-34 所示。

图 1-34　左、右靠背及头枕

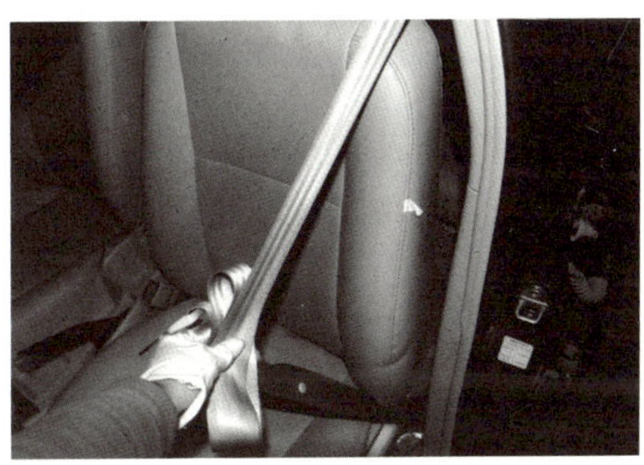

图 1-35　安全带

（5）用手拉动安全带，安全带锁止机构应立即锁止；检查安全带卡扣卡入安全带卡槽后，是否能正常拆卸，如图 1-35 所示。

8. 坐在主驾驶座椅上检查

（1）检查车内顶衬、上扶手、座椅、仪表台是否有污物、褶皱等。

（2）检查天窗能否正常开启、关闭，开关是否卡滞，接合处是否存在缝隙、能否完全闭合，如图1–36所示。

（3）检查顶灯、阅读灯能否开启、关闭，亮度是否正常，如图1–37所示。

（4）检查车内后视镜角度能否正常调节，表面是否光滑、清晰，如图1–38所示。

（5）检查雨刮器组合开关外观有无划痕，标识是否正确；分别旋转雨刷组合开关的前雨刷（快/慢/间歇/喷淋）、后雨刷、喷水旋钮，检查各挡间转换有无明显阻尼感，前、后雨刷是否均能正常工作，喷水区域是否为雨刮片工作区域，如图1–39所示。

图1–36　天窗的检查

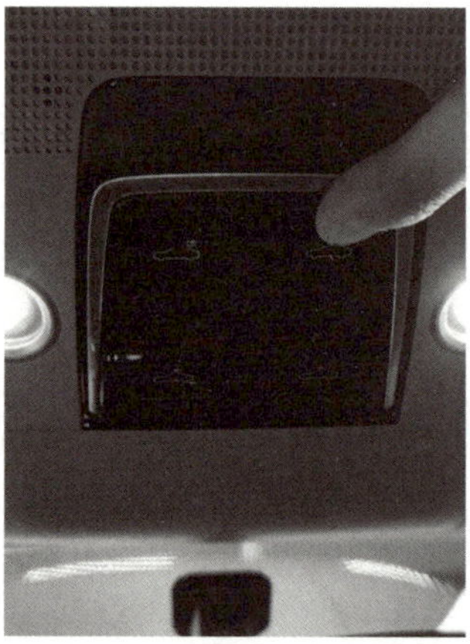

图1–37　天窗开关、顶灯的检查

图1–38　电动后视镜的调节

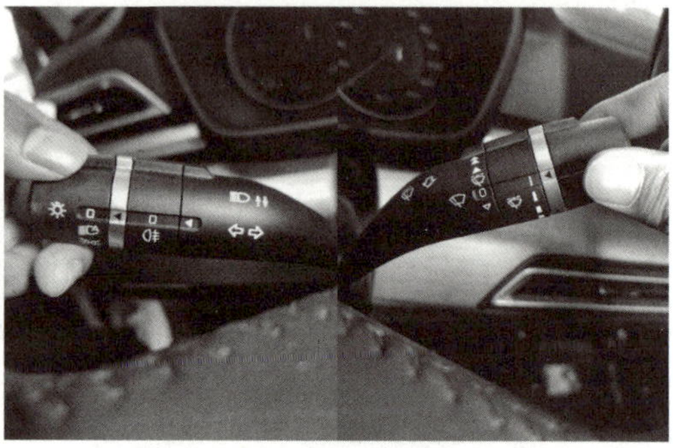

图1–39　雨刮和灯光开关

（6）分别按下四个车窗升降按键，检查玻璃是否升降自如、有无卡滞；之后按下组合开关的“锁止”按键，再按其他车窗升降按键，玻璃不应升降；检查车窗有无防夹功能。

（7）检查仪表屏幕表面有无划痕、开裂，仪表背光亮度可否调节；上电后“OK”标识点亮，电池电量显示正常，驻车制动指示灯、安全带未系指示灯点亮，其他故障指示灯均未点亮，如图1-40所示。

图1-40　上电后仪表状态

（8）检查灯光组合开关外观有无划痕，标识是否正确；分别打开灯光组合开关的小灯、近光灯，上下转换远光灯、转向灯，打开危险报警灯，旋转前雾灯、后雾灯开关，仪表显示相应标识，各类车灯光均能按要求点亮；踩下刹车踏板，后制动灯能够点亮；踩下刹车踏板，旋转换挡旋钮至R挡，倒挡灯点亮，且显示倒车影像，倒车雷达执行工作。

图1-41　方向盘检查及按键

图1-42　空调面板

（9）检查方向盘外观有无划痕；按压喇叭开关，声音是否正常，如图1-41所示。

（10）检查汽车电源、点烟器结构和功能是否正常。

（11）检查多媒体屏幕外观有无划痕；点击触摸屏“收音机”“导航”“蓝牙”“设置”等功能按键，检查是否可以正常工作；按压转向盘上的音量及选台按键，多媒体能够相应执行；打开导航功能，导航应正常开启，GPS定位语音提醒应正常。

（12）检查空调系统功能。旋转制冷功能键，开启A/C键，A/C指示灯点亮，空调系统能够制冷；旋转制热功能键，空调系统能够制热；按动空调控制面板上的各种按键，其屏显对应显示正确，各模式执行效果正常；空调各出风口调整开关无卡滞、无脱落，旋转和拨动挡片，风量和风向对应改变，如图1-42所示。

（13）检查风窗玻璃除霜除雾功能是否正常。

（14）地毯前后衔接完整，与装配件过渡处无裸露、无缺少材料等情况。

（15）座椅包装完好，无包装破损现象，符合配置要求材质；向上拉动前后调整手柄，座椅可前后移动；向上拉动座椅靠背调整手柄，靠背有向前弹力，松开手柄，靠背不再转动；头枕能上下调节，如图1-43所示。

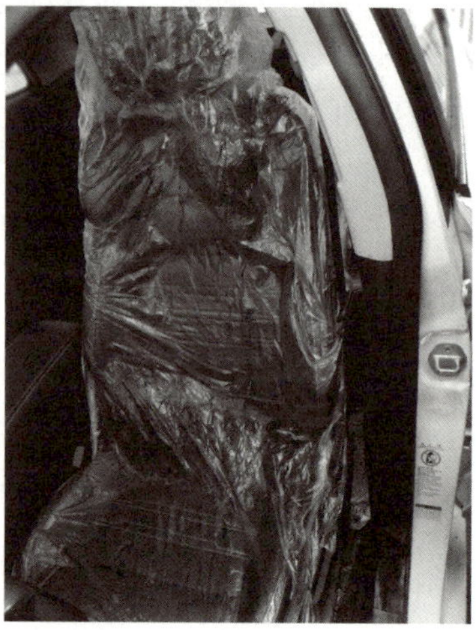

图1-43　未拆装座椅

（16）用手拉动安全带，安全带锁止机构应立即锁止，安全带卡扣卡入安全带卡槽内，能正常拆卸。

9.坐在副驾驶座椅上检查

（1）检查车内顶衬、上扶手、座椅、副仪表台是否有污物、褶皱等。

（2）检查车窗玻璃能否正常开启、关闭，开闭过程中是否有异响、卡滞，有无防夹功能。

（3）检查手套箱能否正常开启、有无卡滞，开启后照明灯是否点亮，如图1-44所示。

（4）检查地毯前后衔接是否完整，与装配件过渡处有无裸露、缺少材料等情况；检查是否安装车身钢印VIN码，如图1-45所示。

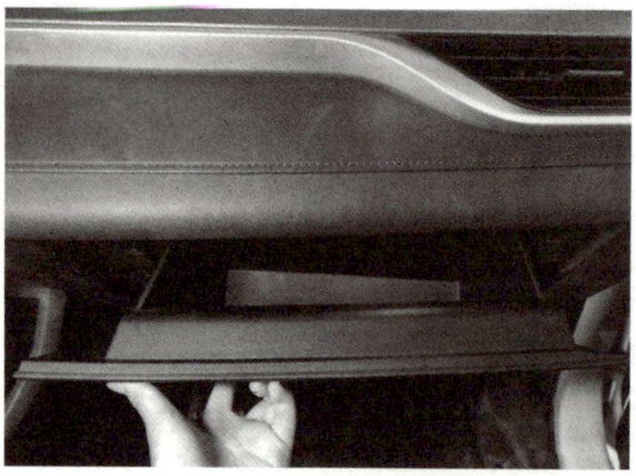

图1-44　手套箱

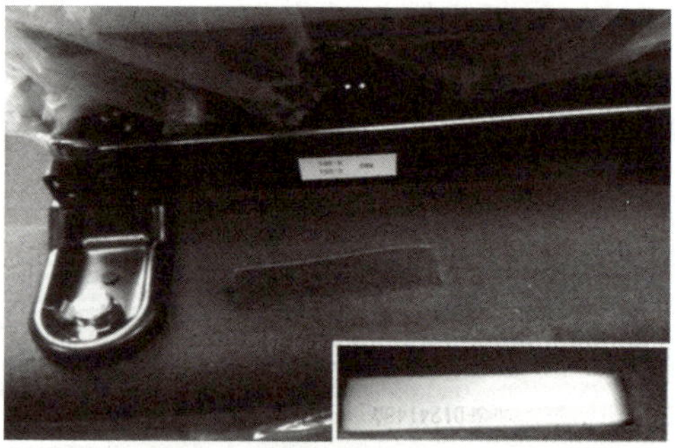

图1-45　地毯接口及车身VIN码

（5）检查座椅是否完好、符合配置要求材质，是否能正常向前向后，高低角度调节是否正常；检查安全带功能是否正常。

10. 车辆前舱检查

（1）检查前机舱内钣金漆面是否存在划痕、掉漆，钣金面应平滑、无凹凸等变形，如图1-46所示。

图1-46　前机舱结构

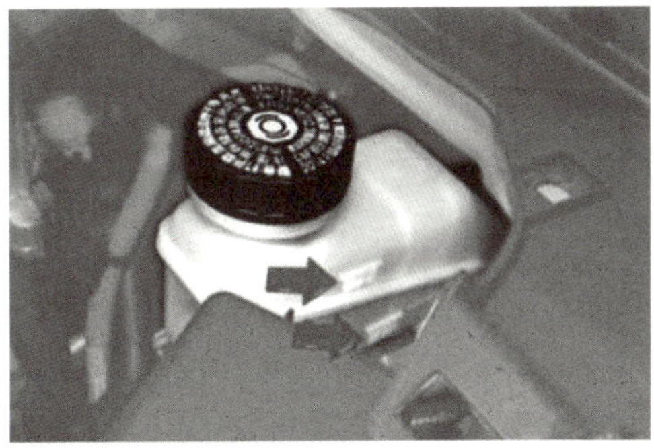

图1-47　制动液液位

（2）检查前机舱盖内部边缘VIN码标贴；前机舱内前风扇上横梁右侧应有“驱动电机型号”和“空调系统注意事项”标贴；电机控制器、高压控制器、DC-DC转换器和充电机上应分别标有闪电黄标。

（3）检查制动液储液罐液位，液位应处于最高和最低刻度线之间，如图1-47所示。

（4）检查电机和动力电池冷却液罐液位，液位高度应在最高和最低刻度线之间。

（5）检查机舱内各电器件紧固螺丝有无紧固标记，机舱内所有负极与车身连接线束有无松动、有无紧固标记。

11.6S处理

检查维护完成以后，将车辆复位，取下车内三件套，整理工具及设备，清洁并维护场地。

思考与练习

1. 判断题

（1）车辆出库前应对车辆外部饰件(饰条、雨槽、饰板、密封条等)进行检查，查看是否有脱胶、变形等现象。（　　）

（2）检查人员进入车辆后可以在车内盖章、填写表格。（　　）

2. 简答题

（1）简述PDI需要做哪些项目。

（2）简述PDI的检查顺序。

任务二工单　新车交付检查任务

1. 任务分组

<table>
<tr><td>班级</td><td></td><td>组号</td><td></td><td>指导老师</td><td></td></tr>
<tr><td>组长</td><td></td><td>学号</td><td colspan="3"></td></tr>
<tr><td rowspan="5">小组成员</td><td>姓名</td><td>学号</td><td colspan="3">角色分工</td></tr>
<tr><td></td><td></td><td colspan="3">监护人员</td></tr>
<tr><td></td><td></td><td colspan="3">操作人员</td></tr>
<tr><td></td><td></td><td colspan="3">记录人员</td></tr>
<tr><td></td><td></td><td colspan="3">评分人员</td></tr>
</table>

2. 任务准备

设备、工具、耗材准备：绝缘测试仪、绝缘垫、绝缘手套、绝缘鞋、安全帽、护目镜、举升机、车内（外）三件套、车轮挡块、警示牌、隔离带、一般手动工具（螺丝刀、扳手、格式套筒）、扭力扳手、胎压表、卷尺、万用表、手电筒、冷却液、维修手册、用户手册、PDI检查单等。

3. 任务实施

<table>
<tr><td colspan="5">新车交付检查</td></tr>
<tr><td colspan="3">车型：</td><td colspan="2">行驶里程：</td></tr>
<tr><td colspan="3">VIN码：</td><td colspan="2">电机型号：</td></tr>
<tr><td colspan="2">项目及序号</td><td>维护作业内容</td><td>数据或异常情况记录</td><td>维护措施</td></tr>
<tr><td rowspan="4">车辆整体检查</td><td>1</td><td>前风窗玻璃下方VIN码</td><td>□正常 □缺失 □字体不清
□号码错误</td><td></td></tr>
<tr><td>2</td><td>3C认证</td><td>□正常 □缺失 □松脱</td><td></td></tr>
<tr><td>3</td><td>合格证、一致性证书</td><td>□正常 □缺失 □与实车不符</td><td></td></tr>
<tr><td>4</td><td>遥控钥匙</td><td>□正常 □失效 □打不开门
□打不开行李箱</td><td></td></tr>
</table>

项目及序号			维护作业内容	数据或异常情况记录	维护措施
车辆整体检查		5	防盗系统	□正常 □不报警 □报警声异常 □常响	
		6	轮胎	□正常 □型号不符 □胎压异常 □无饰盖	
		7	里程表	□正常 □超里程	
在车辆前部检查	上部	1	前机舱盖	□正常 □有色差 □脏污 □凹凸 □打不开 □锁不住	
		2	雨刮器盖板	□正常 □损伤 □脏污 □缺失	
		3	雨刮器	□正常 □损伤 □位置不当 □锈蚀	
	中部	4	前灯	□正常 □损伤 □脏污 □不亮 □常亮 □有水汽	
		5	前格栅	□正常 □损伤 □充电口阻滞 □充电盖无回弹	
	下部	6	前保险杠	□正常 □损伤 □变形 □有色差	
		7	雾灯	□正常 □损伤 □脏污 □不亮 □常亮	
在车辆左侧检查	上部	1	车顶	□正常 □有色差 □脏污 □凹凸 □饰条翘起	
	中部	2	左翼子板	□正常 □有色差 □凹凸	
		3	左车门	□正常 □有色差 □凹凸 □1、2级锁异常 □开关力大 □开关有异响	
		4	轮胎气压标签	□正常 □缺失 □字体不清 □号码错误	
		5	儿童锁	□正常 □功能失效	
		6	左A/B/C/D柱	□正常 □有色差 □凹凸	
		7	左后视镜	□正常 □损伤 □无法折叠 □无法调节 □异响	
		8	前后门把手	□正常 □阻力大 □有色差	

<table>
<tr><th colspan="3">项目及序号</th><th>维护作业内容</th><th>数据或异常情况记录</th><th>维护措施</th></tr>
<tr><td rowspan="3">在车辆左侧检查</td><td rowspan="3">中部</td><td>9</td><td>门上饰条</td><td>□正常 □损伤 □不贴合 □脏污</td><td></td></tr>
<tr><td>10</td><td>密封条</td><td>□正常 □损伤 □不贴合 □脏污</td><td></td></tr>
<tr><td>11</td><td>门内饰板</td><td>□正常 □损伤 □脏污</td><td></td></tr>
<tr><td rowspan="13">在车辆后部检查</td><td rowspan="5">外部</td><td>1</td><td>行李箱盖、后尾门</td><td>□正常 □有色差 □凹凸
□开关力大 □维修标签破损
□无法打开 □无法关闭
□1、2级锁异常</td><td></td></tr>
<tr><td>2</td><td>尾灯</td><td>□正常 □不亮 □常亮 □有水汽</td><td></td></tr>
<tr><td>3</td><td>后保险杠</td><td>□正常 □有色差 □变形</td><td></td></tr>
<tr><td>4</td><td>徽标</td><td>□正常 □缺失 □不正 □翘起</td><td></td></tr>
<tr><td>5</td><td>牌照板</td><td>□正常 □划伤 □松动</td><td></td></tr>
<tr><td rowspan="8">内部</td><td>6</td><td>后盖内 VIN 码</td><td>□正常 □缺失 □字体不清
□号码错误</td><td></td></tr>
<tr><td>7</td><td>行李箱地毯</td><td>□正常 □脏污 □不平整</td><td></td></tr>
<tr><td>8</td><td>备胎</td><td>□正常 □缺失 □配置错误</td><td></td></tr>
<tr><td>9</td><td>充电线</td><td>□正常 □缺失 □配置错误
□损伤</td><td></td></tr>
<tr><td>10</td><td>工具包</td><td>□正常 □缺失 □损伤</td><td></td></tr>
<tr><td>11</td><td>千斤顶</td><td>□正常 □缺失</td><td></td></tr>
<tr><td>12</td><td>三角牌</td><td>□正常 □缺失 □损伤</td><td></td></tr>
<tr><td>13</td><td>灭火器</td><td>□正常 □缺失 □损伤</td><td></td></tr>
<tr><td rowspan="5">在车辆右侧检查</td><td>上部</td><td>1</td><td>车顶</td><td>□正常 □有色差 □脏污
□饰边翘起</td><td></td></tr>
<tr><td rowspan="4">中部</td><td>2</td><td>右翼子板</td><td>□正常 □有色差 □凹凸</td><td></td></tr>
<tr><td>3</td><td>右车门</td><td>□正常 □有色差 □凹凸
□1、2级锁异常 □有焊点
□开关力大 □开关异响</td><td></td></tr>
<tr><td>4</td><td>儿童锁</td><td>□正常 □功能失效</td><td></td></tr>
<tr><td>5</td><td>右 A/B/C/D 柱</td><td>□正常 □有色差 □脏污 □凹凸</td><td></td></tr>
</table>

项目及序号			维护作业内容	数据或异常情况记录	维护措施
在车辆右侧检查	中部	6	车辆铭牌	□正常 □缺失 □字体不清 □号码错误	
		7	右后视镜	□正常 □损伤 □无法调节 □无法折叠 □异响	
		8	前后门把手	□正常 □阻力大 □有色差 □异响	
		9	门上饰条	□正常 □损伤 □不贴合 □脏污	
		10	密封条	□正常 □损伤 □不贴合 □脏污	
		11	门内饰板	□正常 □损伤 □脏污	
		12	慢充口	□正常 □有色差 □打不开 □充电盖无回弹	
在后排座椅上检查	上部	1	车内顶衬	□正常 □脏污 □褶皱	
		2	上扶手	□正常 □脏污 □不回位	
	前部	3	前座椅	□正常 □脏污 □褶皱	
	左部	4	车窗玻璃	□正常 □无法升降 □异响 □操作力大 □阻滞	
	下部	5	地毯(地板)	□正常 □脏污 □有异物	
		6	座椅	□正常 □脏污 □缝线脱落 □异响 □选装错误 □成型不良 □线缝未对齐	
		7	座椅调节	□正常 □不工作 □调节费力	
		8	地板	□正常 □松动 □凹凸 □变形 □有异物	
	后部	9	座椅靠背	□正常 □脏污 □不工作 □调节费力	
		10	头枕	□正常 □无法调节 □调节费力	
		11	安全带	□正常 □不回位 □卡不上 □无法调节 □调节费力 □脏污	
	侧部	12	车身	□正常 □有焊点 □有毛刺 □凹凸 □变形涂胶	

<table>
<tr><th colspan="3">项目及序号</th><th>维护作业内容</th><th>数据或异常情况记录</th><th>维护措施</th></tr>
<tr><td rowspan="18">在主驾驶人座椅上检查</td><td rowspan="4">上部</td><td>1</td><td>车内顶衬</td><td>□正常 □脏污</td><td></td></tr>
<tr><td>2</td><td>天窗</td><td>□正常 □无法开关
□开关自动回位 □阻滞</td><td></td></tr>
<tr><td>3</td><td>左遮阳板</td><td>□正常 □脏污 □无法翻转
□镜面变形 □标签破损</td><td></td></tr>
<tr><td>4</td><td>车内顶灯、阅读灯</td><td>□正常 □不亮 □常亮 □脱落
□表面破损</td><td></td></tr>
<tr><td rowspan="14">前部</td><td>5</td><td>车内后视镜</td><td>□正常 □无法调节 □脱落
□脏污 □松动</td><td></td></tr>
<tr><td>6</td><td>前风窗玻璃</td><td>□正常 □开裂 □划伤 □脏污
□畸变</td><td></td></tr>
<tr><td>7</td><td>风窗玻璃喷水</td><td>□正常 □不工作 □异响
□喷水角度异常</td><td></td></tr>
<tr><td>8</td><td>前、后刮水器</td><td>□正常 □不工作 □异响
□刮不干净</td><td></td></tr>
<tr><td>9</td><td>左车窗玻璃</td><td>□正常 □无法升降 □异响
□防夹功能缺失 □阻滞</td><td></td></tr>
<tr><td>10</td><td>仪表台左侧</td><td>□正常 □划伤 □脏污 □异物</td><td></td></tr>
<tr><td>11</td><td>背光调节</td><td>□正常 □不工作 □无变化</td><td></td></tr>
<tr><td>12</td><td>仪表指示</td><td>□正常 □不指示 □指示异常
□开关门报警</td><td></td></tr>
<tr><td>13</td><td>灯光操作</td><td>□正常 □阻滞 □灯光不亮</td><td></td></tr>
<tr><td>14</td><td>警告灯</td><td>□正常 □不亮</td><td></td></tr>
<tr><td>15</td><td>转向盘</td><td>□正常 □损伤 □无法调节
□调节异响 □脏污</td><td></td></tr>
<tr><td>16</td><td>喇叭</td><td>□正常 □力重 □不响 □单音</td><td></td></tr>
<tr><td>17</td><td>车载电源</td><td>□正常 □不工作 □不弹出
□无法打开 □无法关闭
□按不下去 □无车载电源</td><td></td></tr>
<tr><td>18</td><td>收音机</td><td>□正常 □无法开机 □无法收台
□操作困难</td><td></td></tr>
</table>

项目及序号			维护作业内容	数据或异常情况记录	维护措施
在主驾驶人座椅上检查	前部	19	DVD、CD机	□正常 □无法进碟 □不读碟 □无法退碟 □换碟不正常 □不显示 □无设备	
		20	点烟器	□正常 □不工作 □不弹出 □按不下去 □无设备	
		21	扬声器	□正常 □无声音 □声音异常 □共鸣声	
		22	信息中心	□正常 □不显示 □显示错误 □无GPS定位	
		23	空调系统	□正常 □不制冷 □不加热 □不够冷 □不够热 □出风口阻滞 □出风口脱落 □异响	
		24	风扇、鼓风机	□正常 □不工作 □无法维持温度 □风向不正确 □异响 □异味	
		25	风窗玻璃除霜除雾	□正常 □不工作	
	下部	26	地毯	□正常 □脏污 □褶皱 □有异物	
		27	座椅	□正常 □脏污 □缝线脱落 □选装错误 □线缝未对齐 □异响	
		28	座椅前后、上下调节	□正常 □不工作 □调节费力 □调节干涉	
	后部	29	座椅靠背	□正常 □脏污 □不工作 □调节费力	
		30	头枕	□正常 □无法调节 □调节费力	
		31	安全带	□正常 □不回位 □无法调节 □调节费力 □污损	
	右部	32	副仪表台	□正常 □脏污 □盖无法打开 □打开异响 □打开阻滞 □有异物	
		33	驻车制动手柄	□正常 □不回位 □阻力过大 □指示灯不亮 □指示灯常亮	
在副驾驶人座椅上检查	上部	1	车内顶衬	□正常 □脏污	
		2	右遮阳板	□正常 □脏污 □标签破损 □无法翻转 □镜面变形	
		3	上扶手	□正常 □脏污 □不回位	

项目及序号			维护作业内容	数据或异常情况记录	维护措施
在副驾驶人座椅上检查	前部	4	右车窗玻璃	□正常 □无法升降 □阻滞 □防夹功能缺失 □异响	
		5	副仪表台	□正常 □划伤 □脏污	
		6	手套箱	□正常 □无异物 □无法开启 □无法关闭 □照明灯不亮 □照明灯常亮	
	下部	7	文件袋	□正常 □缺失	
		8	地毯	□正常 □脏污 □有异物	
		9	车身钢印VIN码	□正常 □缺失 □字体不清 □号码错误	
		10	座椅	□正常 □脏污 □材质不符 □缝线脱落 □线缝未对齐 □异响	
		11	座椅前后调节	□正常 □不工作 □调节费力	
	后部	12	座椅靠背	□正常 □脏污 □不工作 □调节费力	
		13	头枕	□正常 □无法调节 □调节费力	
		14	安全带	□正常 □不回位 □卡不上 □脏污 □无法调节 □调节费力	
车辆前机舱检查		1	前机舱盖内部VIN码	□正常 □缺失 □字体不清 □号码错误	
		2	制动液	□正常 □液位不足 □液位过高 □渗漏	
		3	冷却液	□正常 □液位不足 □液位过高 □渗漏	
		4	玻璃水	□正常 □液位不足 □液位过高 □渗漏	
		5	低压电池线	□正常 □松动	
		6	加注盖	□正常 □缺失 □松动	
		7	警告标签	□正常 □缺失 □不清晰 □损伤	
		8	前机舱盖支撑杆	□正常 □卡不住 □损伤	
		9	前机舱盖内部	□正常 □有色差	
总体状况描述					
总体建议					

4. 考核评价

项目及序号		维护作业内容	评价标准	得分
车辆外观（20分）	1	车辆的停放	将车辆停放在干燥、平坦、通风的场地，拉起手刹，车辆下电	
	2	放置车轮挡块	车轮挡块放置位置正确	
	3	安放隔离带、警示牌	隔离带和警示牌放置位置正确	
	4	环车检查	VIN码、3C认证正确	
	5	安装车内三件套	车内三件套安装齐全且正确	
	6	车身外部清洁	正确清洁车身外部的泥土、蝇虫等	
	7	车身外观检查	正确检查全车漆面及结构	
	8	信息检查	正确检查铭牌信息等资料	
	9	结构检查	正确检查车灯等设备外观	
车辆内部检查（20分）	1	车内顶衬检查	正确对车内顶衬进行检查	
	2	地垫、地毯检查	正确对地垫、地毯进行检查	
	3	扶手、车身检查	正确对扶手、车身进行检查	
	4	备胎检查	正确检查后备箱备胎情况	
	5	充电线检查	正确检查随车充电装置	
	6	千斤顶、三角牌、灭火器	正确检查千斤顶、三角牌、灭火器	
车辆功能检查（40分）	1	座椅检查	正确检查座椅结构及调节功能	
	2	灯光检查	正确检查灯光结构及功能使用	
	3	仪表检查	正确检查仪表结构及功能使用	
	4	空调系统检查	正确检查空调功能使用	
	5	车窗的检查	正确检查车窗结构及功能	
	6	多媒体的检查	正确检查多媒体结构及功能	
	7	安全带的检查	正确检查安全带结构及功能	

项目及序号		维护作业内容	评价标准	得分
车辆功能检查（40分）	8	天窗的检查	正确检查天窗结构及功能	
	9	雨刮系统的检查	正确检查雨刮系统结构及功能	
	10	方向盘的检查	正确检查方向盘及喇叭	
	11	门锁的检查	正确检查门锁结构及功能	
	12	后视镜的检查	正确检查后视镜结构及功能	
前机舱的检查（20分）	1	制动液液位的检查	正确检查制动液液位高低	
	2	冷却液液位的检查	正确检查冷却液液位高低	
	3	低压线束连接情况的检查	正确检查12 V蓄电池低压线束连接情况	
	4	警告标签的检查	正确检查前机舱各部件安装警告标签情况	
	5	前机舱盖支撑杆的检查	正确检查前机舱盖支撑杆结构及功能	
	6	前机舱盖内部检查	正确检查前机舱盖内部表面、漆面	

任务三　新能源汽车日常维护

任务介绍

周末的一天，车主刘先生准备开着他的爱车到100千米外的旅游景点游玩，他突然想起汽车有两个多月没有进行保养了，他准备自己对车辆进行简单的检查保养。如果你是维修技师，你建议刘先生进行哪些基本的日常检查保养呢?

任务分析

本任务是新能源汽车维护保养的最基本内容，主要由驾驶员自己或专业维修人员完成，包括车身内外的检查及清洗、轮胎磨损情况及胎压检查、驾驶室及仪表显示的检查判断、前机舱的元件外观及液体管路的检查、充电功能及充电接口的检查等。

相关知识

1. 日常维护概念

新能源汽车日常维护是日常性维护作业，主要由驾驶员自己负责完成，贯穿出车前、行车中和收车后的全过程。其主要作业内容是借助简单工具对车辆进行清洁、补给、检查（视检），必要时送到专业维护店进行维护保养，比如更换冷却液。日常维护是保持车辆正常工作的具有经常性和必要性的工作。

2. 日常维护的主要内容

新能源汽车日常维护主要包括车身内外的检查及清洗、轮胎磨损情况及胎压检查、驾驶室的仪表显示检查判断、前机舱的元件外观检查、前机舱内液体管路及液体检查补给、充电口（盖）的检查等几个方面。

实践操作

日常维护操作

1. 车身内外的检查及清洗

（1）将车辆停放在平坦、干燥、通风的场地，拉起手刹，车辆下电。

（2）放置车轮挡块。

（3）拉起隔离带，并放置警示牌。

（4）环绕车辆一周检查车身外部情况，查看是否有划痕、擦伤等情况。

（5）铺设车内三件套。

（6）检查车身内部。检查安全带、座椅、扶手等情况，如图1-48所示。

图1-48 车身内部检查

（7）车身外部清洗，如图1-49所示。

图1-49 车身外部清洗

图1-50 清洁驾驶室

（8）利用专用的清洁剂和抹布清洁驾驶室，如图1-50所示。

2. 轮胎磨损情况及胎压检查

（1）清理轮胎泥块及夹石，并清洗轮胎，如图1-51所示。

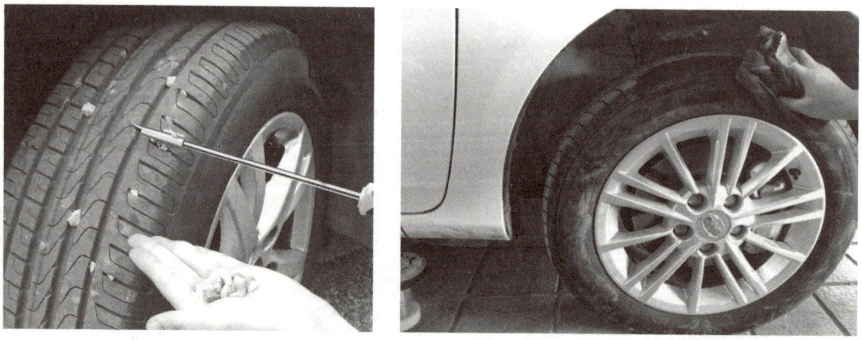

图1-51 清洗轮胎

（2）检查轮胎胎压情况，正常胎压一般为250 kPa（2.5 bar）左右。若胎压过低，则应检查轮胎是否扎有钉子、玻璃碎片等锋利物；若有锋利物扎破轮胎，则应立即到专业维修店维修，如图1–52所示。

图1–52　胎压检查

（3）检查轮胎磨损情况。检查轮胎有无异常磨损、起包等现象，轿车轮胎花纹深度不得小于1.6 mm，如磨损到极限或起包，应立即更换轮胎，如图1–53所示。

图1–53　轮胎磨损情况检查

（4）检查后备箱备胎胎压；检查后备箱随车工具（包括警示架、千斤顶、车轮更换套筒、胎压表、灭火器、螺丝刀、万用表等）是否齐全，如图1–54所示。

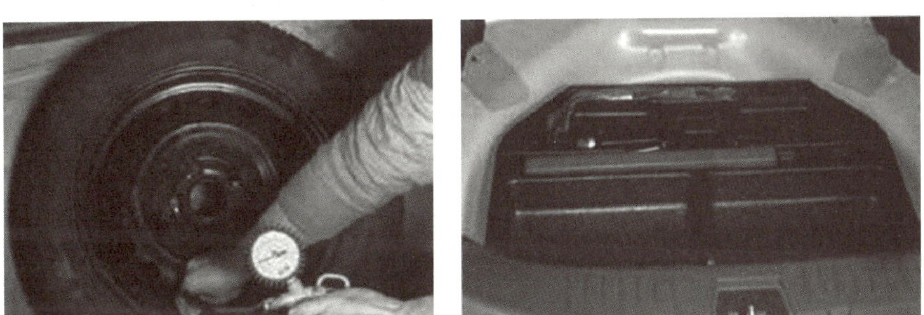

图1–54　检查备胎及随车工具

3. 驾驶室及仪表显示的检查判断

（1）安装座椅套、方向盘套和地板垫。

（2）检查换挡手柄挡位情况，确保挡位处于停车挡（即P挡），如图1-55所示。

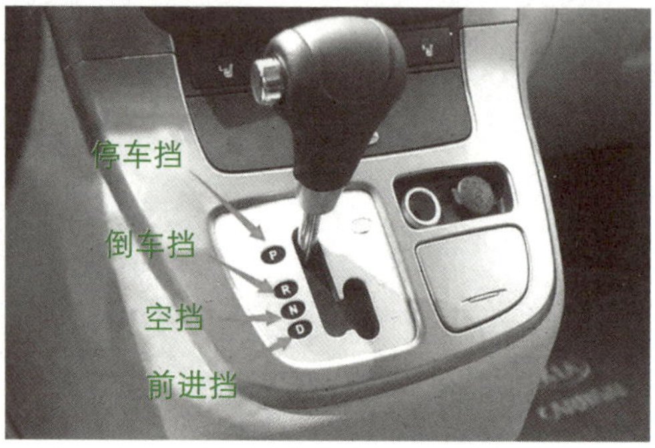

图1-55　P挡

（3）踩住刹车，按下启动按钮，对车辆进行上电，如图1-56所示。

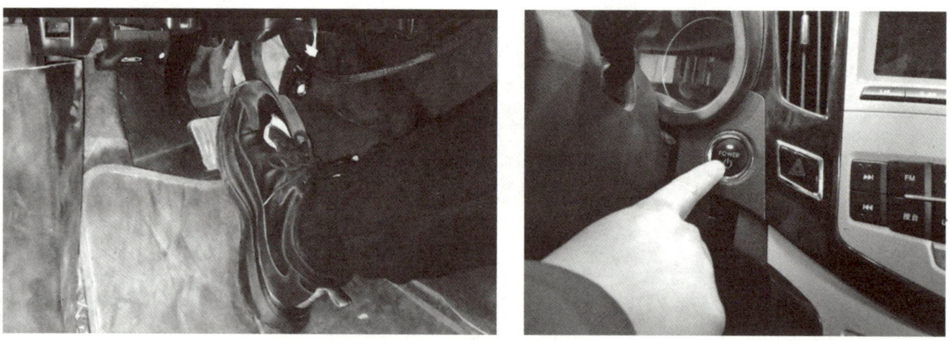

图1-56　启动车辆上电

（4）检查仪表点亮情况。正常仪表上绝大多数指示灯点亮，进行自检，几秒钟之后自动熄灭；若不熄灭则有可能存在相应的故障，应到专业维修店进行检修，如图1-57所示。

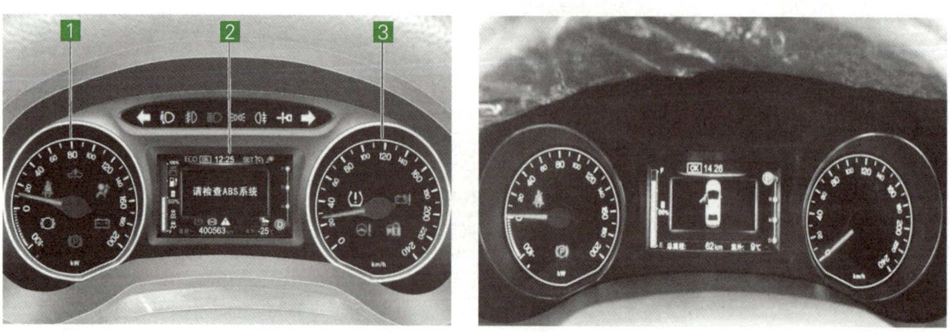

图1-57　仪表显示检查

4. 前机舱的元件外观及液体管路的检查

（1）找到前机舱盖打开按钮，打开前机舱盖，如图1-58所示。

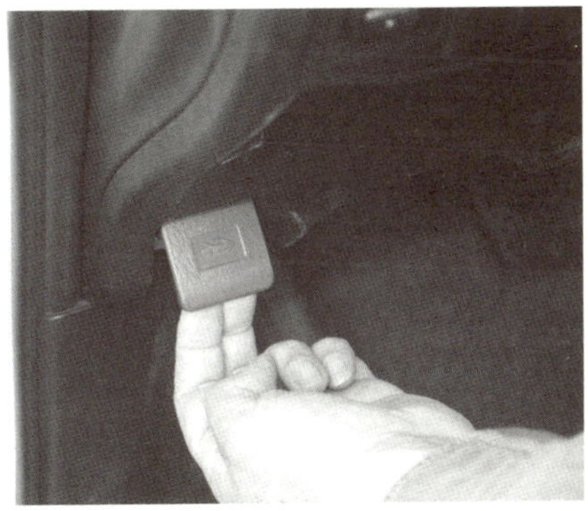

图1-58　打开前机舱盖按钮

（2）铺设翼子板布和前格栅布，做好车辆防护，如图1-59所示。

图1-59　铺设翼子板布和前格栅布

（3）在车前地面铺设绝缘垫，并用绝缘测试仪检测绝缘性能，所测的绝缘电阻为无穷大表示绝缘性能良好，如图1-60所示。

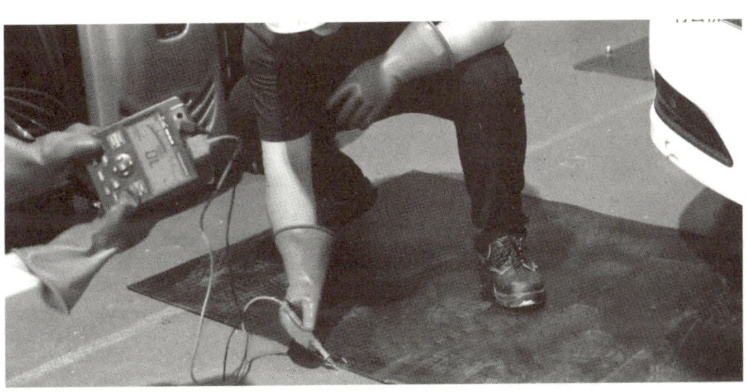

图1-60　检测绝缘垫绝缘性能

（4）用高压吹尘枪吹去机舱内的灰尘，必要时用干抹布擦除残余的灰尘杂物，如图1–61所示。

图1–61　清洁前机舱尘土

（5）借助手电筒检查制动液储液罐液位，液位高度应处于最高和最低刻度线之间，如图1–62所示。

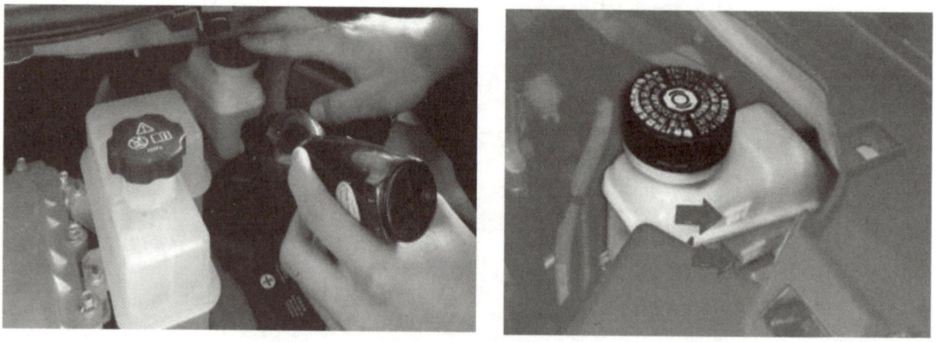

图1–62　检查制动液液位

（6）若制动液液位低于最低刻线，则检查储液罐及管路是否有泄漏部位或制动摩擦片是否磨损过度；若制动液无变质、无泄漏，则添加同品牌、同规格的制动液至合适的液位高度即可，如图1–63所示。

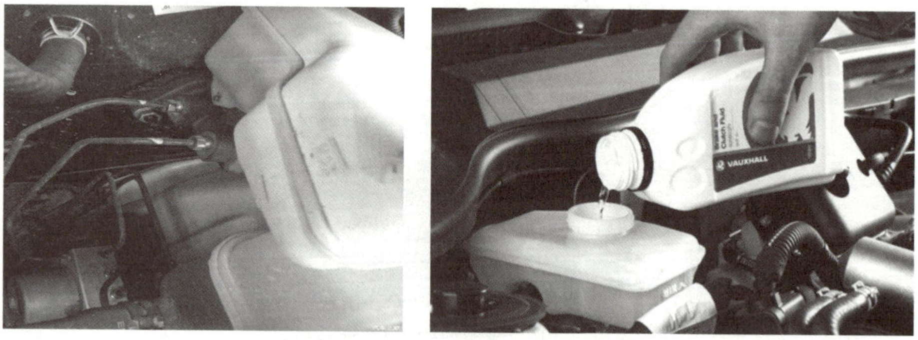

图1–63　制动管路检查并添加制动液

（7）检查电机和动力电池冷却液罐液位，液位高度应在最高和最低刻度线之间，如图 1-64 所示。

图 1-64　检查冷却液液位

（8）如冷却液过少，则检查冷却系统有无泄漏现象；若无泄漏，则需添加同品牌、同规格的冷却液至规定液面高度，如图 1-65 所示。

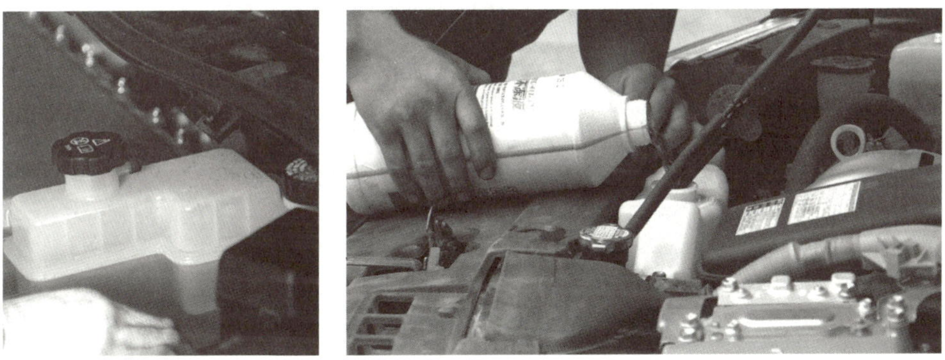

图 1-65　添加冷却液

（9）检查玻璃清洗液储液罐液位，玻璃清洗液的检查应随着气候、环境及使用频率随时检查并添加，如图 1-66 所示。

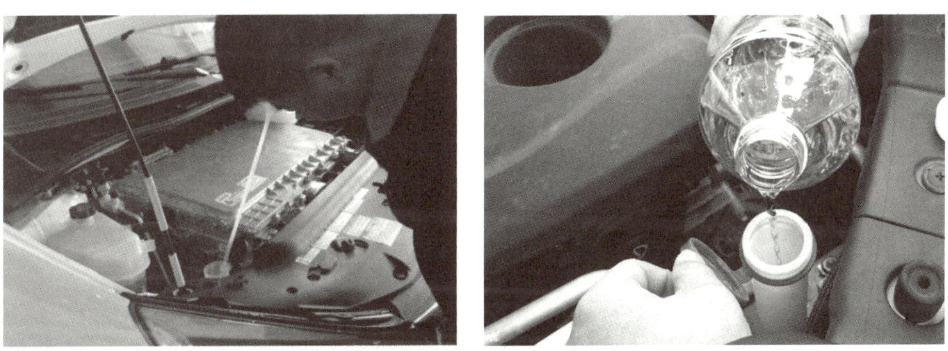

图 1-66　玻璃清洗液的检查与添加

（10）检查冷却系统、制动系统上各软管的安装、连接情况及有无裂纹、损伤和泄漏，若有问题应及时到专业维修店进行检修，如图1-67所示。

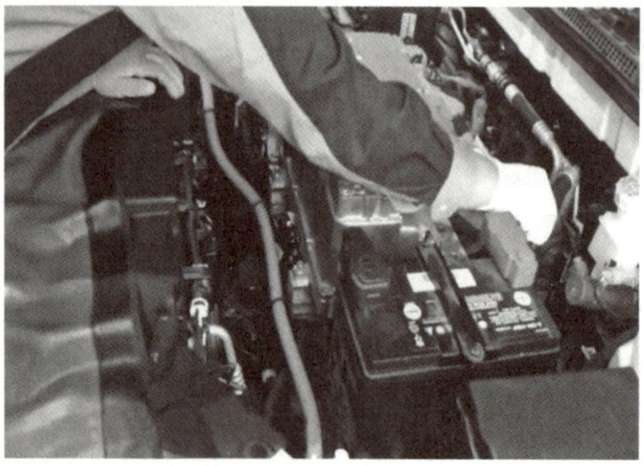

图1-67　检查各软管连接情况

图1-68　检查高、低压线束连接情况

（11）检查高、低压元件线束连接情况，线束连接不得松动、脱落，如图1-68所示。

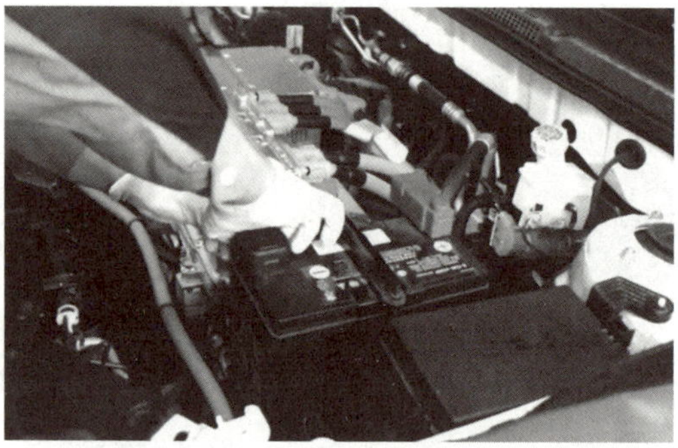

图1-69　检查低压蓄电池电极

（12）检查低压蓄电池正、负极桩头有无氧化锈蚀、连接松动，若有氧化锈蚀，则用砂纸打磨；若松动，则紧固连接，如图1-69所示。

（13）用数字万用表测量低压电池的静态电压和动态电压（充电电压），静态电压正常为12 V左右，动态电压（充电电压）正常为14 V左右，如图1-70所示。

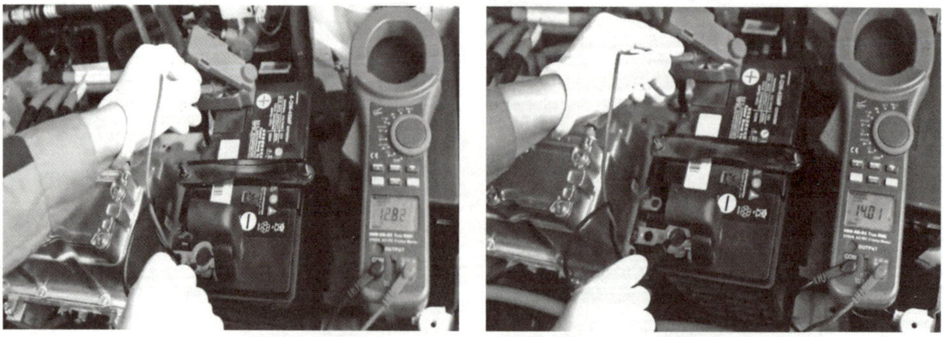

图1-70　测量低压电池的静态电压和动态电压

（14）取下翼子板布和前格栅布，盖上前机舱盖。

5.充电功能及充电接口的检查

（1）佩戴绝缘手套和护目镜，打开充电口盖，使用手电筒照明并检查交流充电口盖是否有灰尘、水迹，是否干燥，若有灰尘、水迹，则应先用抹布擦干净；检查各充电连接器接口处是否有异物、烧蚀等情况，若有异物应及时清理，若有烧蚀应及时到专业维修店检修，检查过程如图 1-71 所示。

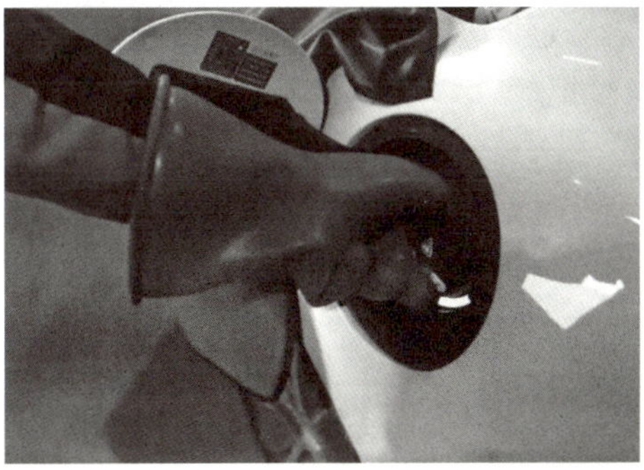

图 1-71　检查交流充电接口

（2）打开直流充电口盖，使用手电筒照明并检查直流充电口盖是否有灰尘、水迹，是否干燥，若有灰尘、水迹，则应先用抹布擦干净；检查各充电连接器接口处是否有异物、烧蚀等情况，若有异物应及时清理，若有烧蚀应及时到专业维修店检修，检查过程如图 1-72 所示。

图 1-72　检查直流充电接口

（3）连接充电枪电源，确保点火开关关闭，将充电枪插到充电接口上，检查车辆能否正常充电，如果不能正常充电，应及时到专业维修店进行检修，如图 1-73 所示。

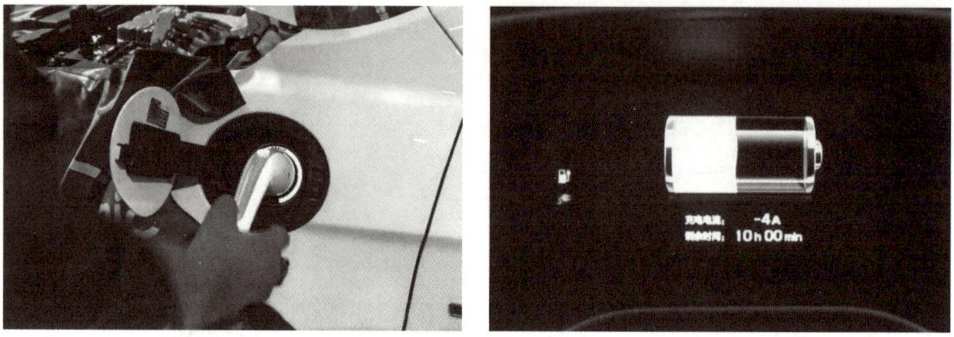

图 1-73　检查充电情况

（4）检查维护完成以后，将车辆复位，取下车内三件套，整理工具及设备，清洁并维护场地，如图 1-74 所示。

图 1-74　清洁场地

思考与练习

1. 判断题

（1）冷却液液位检查属于发动机舱的检查项目。（　　）

（2）新能源汽车前机舱里可以用水冲洗。（　　）

（3）低压电池的静态电压是 12 V 左右，充电电压是 14 V 左右。（　　）

（4）检测维护高压系统时必须佩戴绝缘手套，防止高压触电事故发生。（　　）

（5）在车辆上电状态下，可以插上充电枪对车辆进行充电。（　　）

（6）检查时发现驱动电机冷却液不足，可以添加纯净水代替冷却液。（　　）

2. 简答题

（1）为什么要对新能源汽车进行日常维护？

（2）与传统燃油汽车相比，新能源汽车日常维护有哪些不同之处？

（3）在新能源汽车日常维护中应该注意哪些事项？

任务三工单　新能源汽车日常维护任务

1. 任务分组

班级		组号		指导老师	
组长		学号			
小组成员	姓名	学号	角色分工		
			监护人员		
			操作人员		
			记录人员		
			评分人员		

2. 任务准备

设备、工具、耗材准备：抹布若干块、手电筒、举升机、胎压表、车内（外）三件套、车轮挡块、警示牌、隔离带、万用表、绝缘测试仪、绝缘垫、绝缘手套、绝缘鞋、安全帽、护目镜、吹尘枪、冷却液等。

3. 任务实施

新能源汽车日常维护				
车型：			行驶里程：	
VIN码：			电机型号：	
项目及序号		维护作业内容	数据或异常情况记录	维护措施
车身内外的检查及清洗	1	车辆的停放	车辆停放场地：________________	
	2	放置车轮挡块	□车轮挡块	
	3	安放隔离带、警示牌	□隔离带　□警示牌	
	4	环车检查	□无划痕　□有划痕：____处 位置：________________ □无凹坑　□有凹坑：____处 位置：________________ □无破损　□有破损：____处 位置：________________	
	5	安装车内三件套	□座椅套　□脚垫　□方向盘套	

<table>
<tr><th colspan="2">项目及序号</th><th>维护作业内容</th><th>数据或异常情况记录</th><th>维护措施</th></tr>
<tr><td rowspan="3">车身内外的检查及清洗</td><td>6</td><td>车身内部检查</td><td>安全带:□正常 □异常
具体问题:________
座　椅:□正常 □异常
具体问题:________
扶　手:□正常 □异常
具体问题:________
其　他:□正常 □异常
具体问题:________</td><td></td></tr>
<tr><td>7</td><td>车身外部清洁</td><td>□无需清洁
□需要清洁,清洁方式:________</td><td></td></tr>
<tr><td>8</td><td>驾驶室内清洁</td><td>□无需清洁
□需要清洁,清洁方式:________</td><td></td></tr>
<tr><td rowspan="4">轮胎磨损情况及胎压检查</td><td>1</td><td>轮胎清洁</td><td>□无夹石 □有夹石
所在轮胎:________
□无泥块 □有泥块
所在轮胎:________
□无钉子等 □有钉子等
所在轮胎:________</td><td></td></tr>
<tr><td>2</td><td>检查轮胎胎压</td><td>左前轮:______kPa(______bar)
是否正常:□是 □否
左后轮:______kPa(______bar)
是否正常:□是 □否
右后轮:______kPa(______bar)
是否正常:□是 □否
右前轮:______kPa(______bar)
是否正常:□是 □否</td><td></td></tr>
<tr><td>3</td><td>检查轮胎磨损情况</td><td>左前轮胎花纹深度:______mm
是否正常:□是 □否
左后轮胎花纹深度:______mm
是否正常:□是 □否
右后轮胎花纹深度:______mm
是否正常:□是 □否
右前轮胎花纹深度:______mm
是否正常:□是 □否
□无异常磨损
□有异常磨损,所在轮胎:________</td><td></td></tr>
<tr><td>4</td><td>检查后备箱及备胎</td><td>随车工具是否齐全:
□是 □否,缺________
备胎胎压:______kPa(______bar)
是否正常:□是 □否</td><td></td></tr>
</table>

<table>
<tr><th colspan="2">项目及序号</th><th>维护作业内容</th><th>数据或异常情况记录</th><th>维护措施</th></tr>
<tr><td rowspan="4">驾驶室及仪表显示的检查判断</td><td>1</td><td>安装车内三件套</td><td>□座椅套 □脚垫 □方向盘套</td><td></td></tr>
<tr><td>2</td><td>检查P挡挡位</td><td>□是 □否</td><td></td></tr>
<tr><td>3</td><td>车辆上电</td><td>□是 □否</td><td></td></tr>
<tr><td>4</td><td>检查仪表显示</td><td>仪表上是否存在故障指示灯：□否
□是，具体是________________</td><td></td></tr>
<tr><td rowspan="14">前机舱的元件外观及液体管路的检查</td><td>1</td><td>打开前机舱盖</td><td>□是 □否</td><td></td></tr>
<tr><td>2</td><td>铺设防护用品</td><td>□翼子板布 □前格栅布</td><td></td></tr>
<tr><td>3</td><td>铺设绝缘垫并检测绝缘性</td><td>□铺设绝缘垫
绝缘垫与地面之间的绝缘电阻：______Ω
绝缘性：________________</td><td></td></tr>
<tr><td>4</td><td>清洁机舱尘土</td><td>是否有尘土：□否
□是，具体清洁方式：____________</td><td></td></tr>
<tr><td>5</td><td>检查制动液液位</td><td>□偏高 □偏低 □正常</td><td></td></tr>
<tr><td>6</td><td>检查制动管路</td><td>□无泄漏
□泄漏，具体部位：____________</td><td></td></tr>
<tr><td>7</td><td>检查冷却液液位</td><td>□偏高 □偏低 □正常</td><td></td></tr>
<tr><td>8</td><td>检查冷却系统管路</td><td>□无泄漏
□泄漏，具体部位：____________</td><td></td></tr>
<tr><td>9</td><td>检查玻璃清洗液液位</td><td>□偏高 □偏低 □严重不足 □正常</td><td></td></tr>
<tr><td>10</td><td>检查各软管连接</td><td>□正常 □松动或脱落或破裂，具体部位：
________________</td><td></td></tr>
<tr><td>11</td><td>检查高低压线束连接情况</td><td>□正常
□松动或脱落，具体部位：__________</td><td></td></tr>
<tr><td>12</td><td>检查低压电池极柱</td><td>正极柱：□正常 □氧化 □松动或脱落
负极柱：□正常 □氧化 □松动或脱落</td><td></td></tr>
<tr><td>13</td><td>检测低压电池电压</td><td>静态电压：______V
是否正常：□正常 □不正常
充电电压：______V
是否正常：□正常 □不正常</td><td></td></tr>
<tr><td>14</td><td>工位复位</td><td>□取下翼子板布和前格栅布
□盖上前机舱盖 □其他</td><td></td></tr>
</table>

项目及序号		维护作业内容	数据或异常情况记录	维护措施
充电功能及充电接口的检查	1	检查交流充电口	□正常 □不正常,具体问题是:________________	
	2	检查直流充电口	□正常 □不正常,具体问题是:________________	
	3	充电	充电电流:_____A,剩余充电时间:_______ □充电正常 □充电不正常	
	4	6S复位	□车辆复位 □取下三件套 □清扫场地 □整理、清洁工具及设备 □ 取下车轮挡块	
总体状况描述				
总体建议				

4. 考核评价

项目及序号		维护作业内容	评价标准	得分
车身内外的检查及清洗	1	车辆的停放	将车辆停放在干燥、平坦、通风的场地,拉起手刹,车辆下电	
	2	放置车轮挡块	车轮挡块放置位置正确	
	3	安放隔离带、警示牌	隔离带和警示牌放置位置正确	
	4	环车检查	绕车一周环检,并记录划痕、擦伤情况	
	5	安装车内三件套	车内三件套安装齐全且正确	
	6	车身内部检查	正确检查驾驶室内座椅、安全带、扶手等	
	7	车身外部清洁	正确清洁车身外部的泥土、蝇虫等	
	8	驾驶室内清洁	正确清洁仪表、空调出风口、座椅、底板等	
轮胎磨损情况及胎压检查	1	轮胎清洁	清洁轮胎花纹槽里的泥块及夹石,并清洗轮胎	
	2	检查轮胎胎压	正确运用胎压表检测轮胎胎压,对胎压不足或过高的轮胎进行正确充气或放气	
	3	检查轮胎磨损情况	正确运用花纹深度检测仪测量花纹深度,认真检查轮胎有无异常磨损情况,并记录	
	4	检查后备箱及备胎	检查后备箱随车工具是否齐全,检查备胎胎压是否正常	

项目及序号		维护作业内容	评价标准	得分
驾驶室及仪表显示的检查判断	1	安装车内三件套	车内三件套安装齐全且正确	
	2	检查挡位	检查挡位是否处于P挡	
	3	车辆上电	踩住刹车、按下启动按钮对车辆上电	
	4	检查仪表显示	检查仪表上的指示灯显示情况，判断车辆有无故障，并做记录	
前机舱的元件外观及液体管路的检查	1	打开前机舱盖	能够找到前机舱盖按钮并打开机舱盖	
	2	铺设翼子板布、前格栅布	正确安装翼子板布和前格栅布对车辆进行防护	
	3	铺设绝缘垫并检测绝缘性	戴绝缘手套，正确运用绝缘测试仪检测绝缘垫与地面之间的绝缘性，并做记录	
	4	清洁机舱尘土	用高压吹尘枪吹去机舱的灰尘	
	5	检查制动液液位	利用手电筒检查并判断制动液液位高度是否正常，做记录，若偏少，正确添加制动液	
	6	检查制动系统管路	若制动液液位过低，检查制动管路有无泄漏，并添加同规格、同品牌制动液	
	7	检查冷却液液位	检查冷却液液位高度是否在最高和最低刻线之间，并做记录	
	8	检查冷却系统管路	若冷却液液位偏低，检查冷却系统管路有无泄漏，并添加同品牌、同规格冷却液至合适高度	
	9	检查玻璃清洗液液位	随时检查玻璃清洗液液位高度，必要时添加玻璃清洗液	
	10	检查各软管连接	检查冷却系统、制动系统等各软管连接情况，不得有松动、泄漏、老化、破裂等情况	
	11	检查高、低压线束连接情况	戴上绝缘手套，检查机舱各高、低压线束连接是否有松动、脱落情况	
	12	检查低压电池极柱	检查低压电池极柱有无氧化锈蚀、连接松动等情况，必要时用砂纸打磨	
	13	检测低压电池电压	用万用表检测低压电池的静态电压和动态电压，并判断是否正常	
	14	工位复位	取下翼子板布和前格栅布，盖上前机舱盖	

项目及序号		维护作业内容	评价标准	得分
充电功能及充电接口的检查	1	检查交流充电口	戴上绝缘手套，打开充电口盖，利用手电筒检查交流充电口是否正常，必要时进行清洁	
	2	检查直流充电口	戴上绝缘手套，打开充电口盖，利用手电筒检查直流充电口是否正常，必要时进行清洁	
	3	充电	正确连接充电枪电源，确保点火开关关闭，将充电枪插到充电接口上，检查车辆能否正常充电，并做记录	
	4	6S复位	车辆复位，取下车内三件套，整理、清洁工具，清扫并维护场地	

项目二 动力电池及充电系统的维护

思政讲堂

增材制造技术，又被称作3D打印，是制造业的后起之秀，在航空航天、精准医疗等前沿领域具有无可替代的作用。

中国工程院院士、西安交通大学教授卢秉恒是我国增材制造技术的奠基人，从二十世纪九十年代开始，他投身于这项技术的研发工作，经过刻苦攻关，终于实现追赶超越，让我国增材制造技术不仅实现了产业化，更达到了国际领先水平。

一路走来，卢秉恒院士这样说：

“我觉得我这一生都受益于在工厂工作的十一年，它没有白过。

“我非常敬佩我的导师，他身上的西迁精神一直鼓励着我。

“我希望年轻人在科技强国、制造强国宏伟的蓝图和计划之中，发挥聪明才智，脚踏实地地解决我们国家需要解决的工程问题，同时在这当中来发展自己。”

实训目标

（1）掌握电动汽车动力电池的基本检查项目。

（2）能正确地进行动力电池的检查与保养。

（3）掌握动力电池的拆卸流程。

（4）能正确地拆卸动力电池总成。

（5）掌握电动汽车充配电总成的基本维护项目。

（6）能正确对充配电总成进行维护作业。

（7）掌握电动汽车充电口的基本维护项目。

（8）能正确对车辆进行安全充电操作。

（9）增强遵守纪律、安全操作的意识，培养爱岗敬业、精益求精的工匠精神。

任务一　动力电池的维护

任务介绍

客户王先生在驾驶新能源汽车的过程中不慎剐蹭底盘，不知道底盘及动力电池是否损坏，因此到4S店咨询，你作为技师应该如何检查呢？

任务分析

电动汽车底盘一般安装在车辆底部，通过螺栓连接在车架上，一般需要检查动力电池外观以及连接情况，检查时务必注意举升安全与高压安全。

相关知识

1.动力电池系统的组成

动力电池系统是一个电能储存装置，通常由动力电池、电池管理系统、电驱动冷却系统，以及必要的线束、维修开关等组成，如图2-1所示。

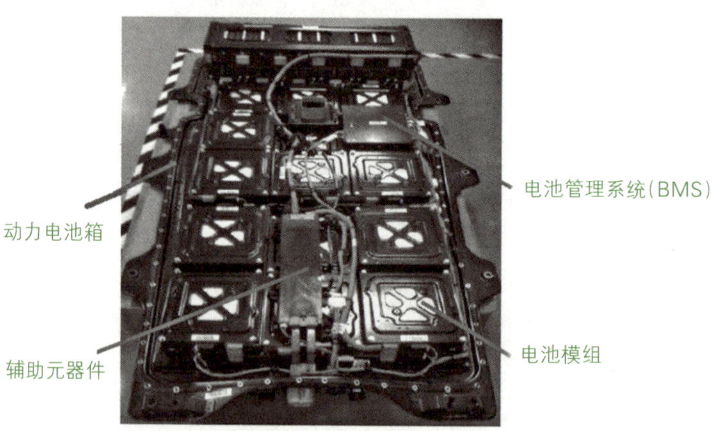

图2-1　动力电池系统结构

2.动力电池

动力电池是纯电动汽车的动力来源，其作用是给驱动电机提供电能，从而带动汽车行驶，一般动力电池安装在车体下部的汽车底盘上，如图2-2所示。动力电池由动力电池模组和动力电池箱组成。动力电池箱是动力电池的壳体，主要用于安装动力电池模组。动力电池模组一般由多个电池模组串联组成，而电池模组由若干个单体电池并联组成，例如某车型的动力电池就由108个单体电池组成。

图2-2　动力电池安装位置

实践操作

1.作业准备

（1）做好新能源汽车作业前的准备工作，设置隔离带、警示牌，检查灭火器，安装车轮挡块，佩戴防护用品，检测绝缘性能，铺设车辆防护套装等，具体操作流程以项目一任务一流程为标准。

（2）断开低压蓄电池负极，使用绝缘胶带包好，断开整车低压控制电源。

（3）佩戴绝缘手套，断开动力电池高压维修开关；当车辆无维修开关时，断开高压母线，如图2-3所示。

动力电池的维护

图2-3　断开高压母线

（4）将车辆安全平稳地放置在举升机上，举升车辆到所需高度，并落锁保证安全。

2. **检查动力电池外观**

（1）通过目测的方式，检查上盖有无裂痕、磕碰、凹陷、凸起等。

（2）检查下托盘边缘有无变形、开裂，底部有无凹陷、变形，如图2–4所示。

图2–4　动力电池下托盘图

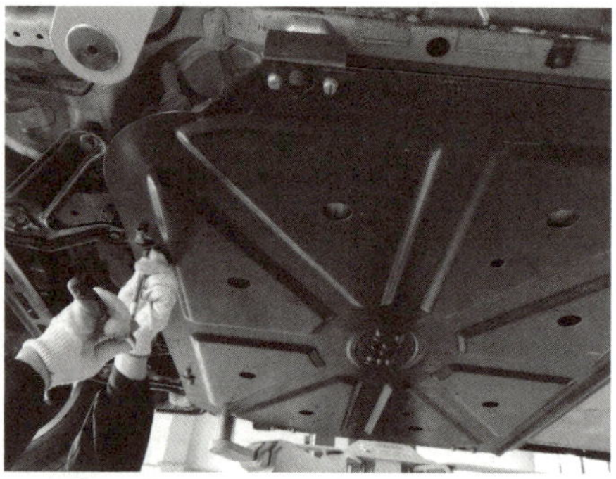

图2–5　紧固下托盘螺栓

（3）检查下托盘压条螺栓有无松动，如图2–5所示。

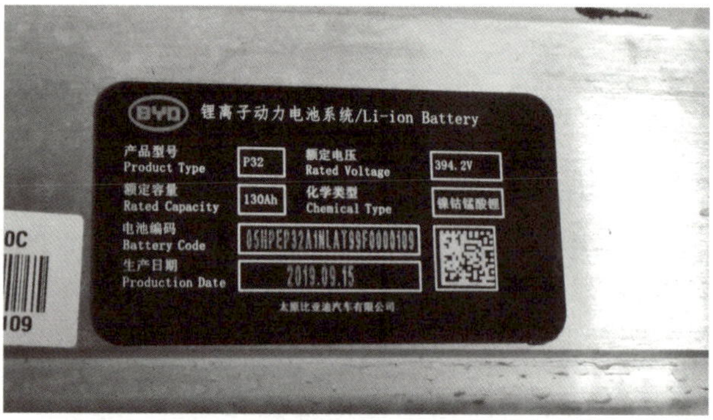

图2–6　动力电池标识

（4）检查动力电池标识是否清晰，有无破损，如图2–6所示。

（5）检查正、负极引出线附近螺栓有无断裂。

（6）检查采样线接口有无破损。

3. **检查动力电池箱的密封性能**

（1）连接真空表组件及气泵管路。

（2）调节气压至400 kPa左右。

（3）打开真空表组开关，抽真空3～5 min，如果负压达不到–40 kPa，说明密封不严。

（4）如果负压真空度达到–40 kPa，应关闭真空表组开关，保持10 min左右，再检查负压真空度，读数在-10 kPa以下，说明密封性能良好。

（5）若无真空负压或读数回到0时，说明密封不严，需要检查动力电池箱盖的螺栓是否紧固。

（6）如果动力电池箱盖螺栓紧固且为正常力矩，则需要更换密封条。

4. 检查动力电池螺栓紧固状态

按维修手册要求，利用扭力扳手按规定次序和力矩紧固螺栓，如图2-7所示。

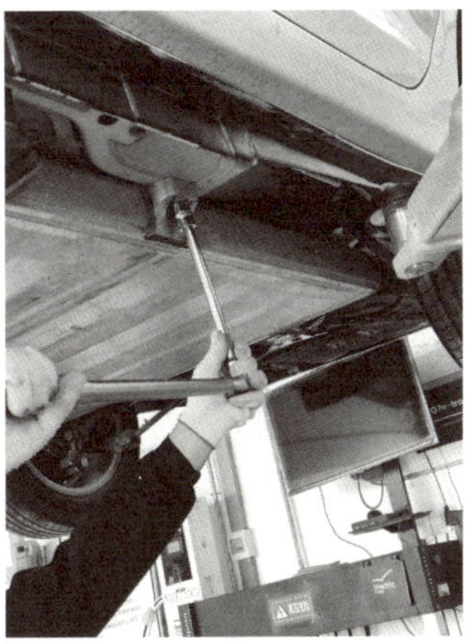

图2-7 动力电池螺栓的紧固

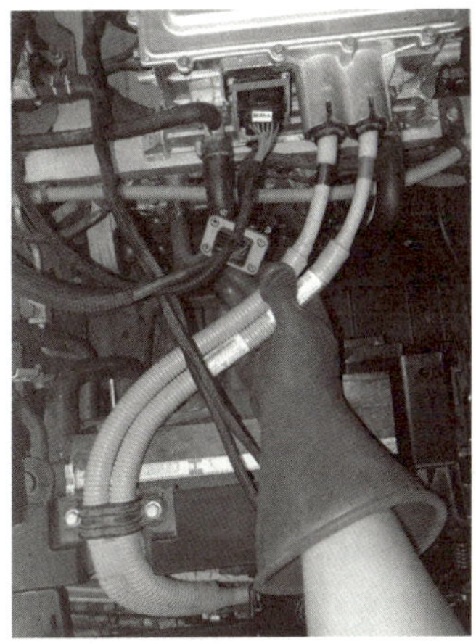

图2-8 高压母线的检查

5. 检查动力电池线束及插接件

（1）断开动力电池高压母线，并用绝缘胶带缠绕。

（2）检查动力电池高压母线的弯曲度，是否可以自由弯曲。

（3）检查动力电池高压母线橙色波纹管是否老化，如图2-8所示。

（4）拆下绝缘胶带，检查线束外壳是否开裂。

（5）检查动力电池高压母线两端的高压端子是否烧蚀。

（6）检查低压插接件连接是否可靠，并检查是否连接到位，如图2-9所示。

（7）检查插接件内针脚是否出现烧蚀、退针、插针弯曲等异常。

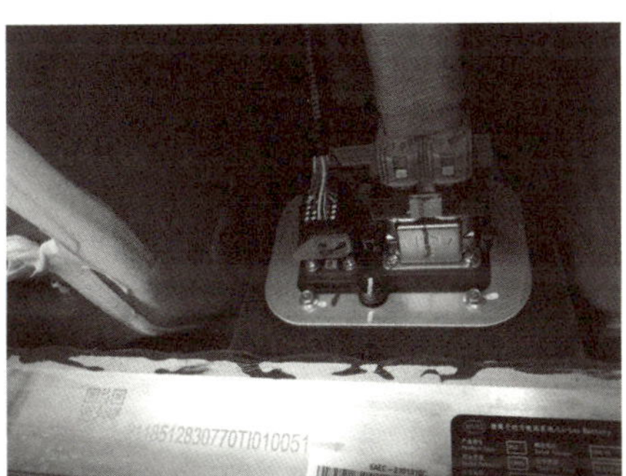

图2-9 动力电池插接件的检查

6.检查动力电池外部绝缘性

（1）使用绝缘电阻测试仪测量动力电池正极绝缘电阻，红表笔接到动力电池正极，黑表笔接地，如图2-10所示。端子正极绝缘电阻值为无穷大，大于标准值10 MΩ。

（2）使用绝缘电阻测试仪测量动力电池负极绝缘电阻，红表笔接到动力电池负极，黑表笔接地。端子负极绝缘电阻值为无穷大，大于标准值10 MΩ。

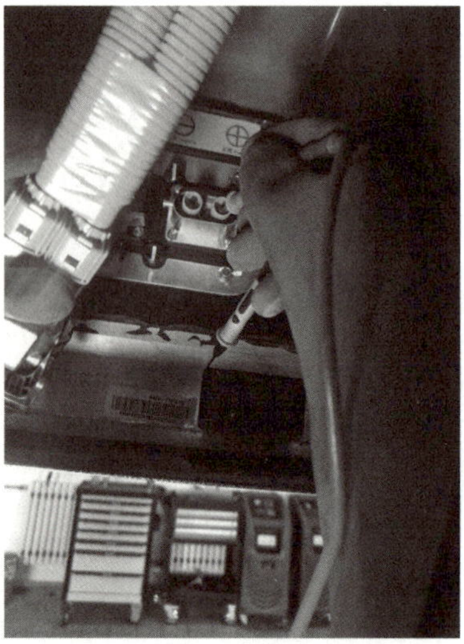

图2-10　动力电池绝缘性能检测

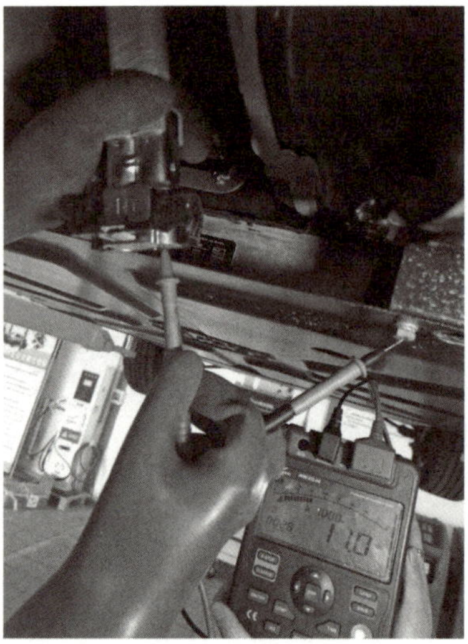

图2-11　高压母线绝缘性能检测

（3）使用绝缘电阻测试仪测量高压母线正极绝缘电阻，如图2-11所示。端子正极绝缘电阻值为11 MΩ，大于标准值10 MΩ。

（4）使用绝缘电阻测试仪测量高压母线负极绝缘电阻，端子负极绝缘电阻值为11 MΩ，大于标准值10 MΩ。

7.车辆恢复

（1）佩戴绝缘手套。

（2）取下动力电池底座绝缘胶带。

（3）连接动力电池高压母线插接件。

（4）连接动力电池低压插接件。

（5）规范操作举升机，降下车辆。

（6）连接维修开关或高压母线。

（7）拆除蓄电池负极绝缘胶带，安装蓄电池负极。

（8）车辆启动，正常上“OK”电，车辆下电。

8.6S整理

（1）拆除车外三件套，关闭前机舱盖。

（2）规范拆除车内三件套。

（3）清点工具放回原位，进行场地6S管理。

思考与练习

1.填空题

（1）检查动力电池绝缘性能需检查________、________、________和________的绝缘性。

（2）动力蓄电池的正极通断由________控制，负极通断由________控制。

2.简答题

（1）简述动力电池外观检查的内容。

（2）简述动力电池绝缘性的检查内容及方法。

任务一工单　动力电池的维护任务

1. 任务分组

班级		组号		指导老师	
组长		学号			
小组成员	姓名	学号	角色分工		
			监护人员		
			操作人员		
			记录人员		
			评分人员		

2. 任务准备

设备、工具、耗材准备：绝缘测试仪、绝缘垫、绝缘手套、绝缘鞋、安全帽、护目镜、举升机、车内（外）三件套、车轮挡块、警示牌、隔离带、一般手动工具（螺丝刀、扳手、格式套筒）、扭力扳手、万用表、维修手册、用户手册、动力电池举升平台等。

3. 任务实施

动力电池的维护				
车型：			行驶里程：	
VIN码：			电机型号：	
项目及序号		维护作业内容	数据或异常情况记录	维护措施
准备工作	1	防护准备工作	□是　□否	
	2	拆下低压蓄电池负极，使用绝缘胶带包好	□是　□否	
	3	佩戴绝缘手套，断开动力电池高压维修开关	□是　□否	
	4	拆下动力电池正极、负极和低压线束插头	□是　□否	

项目及序号		维护作业内容	数据或异常情况记录	维护措施
动力电池外观的检查	1	检查上盖有无裂痕、磕碰、凹陷和凸起等	□正常 □磕碰 □划伤 □损坏	
	2	检查下托盘边缘有无变形、开裂，底部有无凹陷、变形	□正常 □磕碰 □划伤 □损坏	
	3	检查下托盘压条螺栓有无松动	□正常 □变形 □缺失 □松动	
	4	检查动力电池标识是否清晰，有无破损	□正常 □脏污 □缺失 □损坏	
	5	检查正、负极引出线附近螺栓有无断裂	□正常 □断裂 □缺失 □松动	
	6	检查采样线接口有无破损	□正常 □破损 □松动	
动力电池箱的密封性能检查	1	连接真空表组件及气泵管路	□是 □否	
	2	抽真空3～5 min，检查负压是否达到-40 kPa	□已达到 □未达到	
	3	如果负压真空度达到规定值，关闭真空表组开关，保持10 min左右，检查负压真空度读数是否在-10 kPa以下	□正常 □漏气	
动力电池螺栓的紧固状态检查	1	检查动力电池螺栓状态，是否连接牢固，测量螺栓拧紧力矩为______	□正常 □变形 □缺失 □松动	
动力电池线束及插接件检查	1	断开动力电池高压母线，并用绝缘胶带缠绕	□是 □否	
	2	检查动力电池高压母线的弯曲度	□正常 □僵硬	
	3	检查动力电池高压母线橙色波纹管是否老化	□正常 □破损 □老化	
	4	检查线束外壳是否开裂	□正常 □破损 □松动	
	5	检查动力电池高压母线端子是否烧蚀	□正常 □烧蚀	
	6	检查低压插接件是否正常	□正常 □破损 □松动	
动力电池外部绝缘性检查	1	检查动力电池正极绝缘性能，阻值______	□正常 □短路 □虚接	
	2	检查动力电池负极绝缘性能，阻值______	□正常 □短路 □虚接	

项目及序号		维护作业内容	数据或异常情况记录	维护措施
动力电池外部绝缘性检查	3	检查高压母线正极绝缘性能，阻值________	□正常 □短路 □虚接	
	4	检查高压母线负极绝缘性能，阻值________	□正常 □短路 □虚接	
车辆恢复	1	佩戴绝缘手套	□已完成 □未完成	
	2	连接动力电池插接件	□已完成 □未完成	
	3	降下车辆	□已完成 □未完成	
	4	连接维修开关或高压母线	□已完成 □未完成	
	5	安装蓄电池负极	□已完成 □未完成	
	6	车辆启动，车辆下电	□已完成 □未完成	
6S整理	1	拆除车外三件套，关闭前机舱盖	□已完成 □未完成	
	2	拆除车内三件套	□已完成 □未完成	
	3	清点工具，场地6S管理	□已完成 □未完成	
总体状况描述				
总体建议				

4. 考核评价

项目及序号		维护作业内容	评价标准	得分
作业前准备（10分）	1	车辆的停放	将车辆停放在干燥、平坦、通风的场地，拉起手刹，车辆下电	
	2	放置车轮挡块	车轮挡块放置位置正确	
	3	安放隔离带、警示牌	隔离带和警示牌放置位置正确	
	4	安装车内三件套	车内三件套安装齐全且正确	
	5	关闭点火开关	车辆熄火	
	6	断开蓄电池负极	正确断开蓄电池负极，并使用绝缘胶带包裹	
	7	断开高压线束	正确佩戴绝缘手套，断开动力电池高压维修开关或高压母线	
	8	举升车辆	用举升机正确举升车辆并落锁	

项目及序号		维护作业内容	评价标准	得分
检查动力电池外观（20分）	1	检查动力电池上盖	准确判断上盖有无裂痕、磕碰、凹陷、凸起	
	2	检查下托盘边缘	准确判断下托盘边缘有无变形、开裂	
	3	检查下托盘	准确判断螺栓有无松动	
	4	检查动力电池标识	准确判断动力电池标识情况	
	5	检查正、负极引出线	准确判断线束螺栓有无断裂	
	6	检查采样线接口	准确判断接口有无破损	
检查动力电池箱的密封性能（20分）	1	连接气泵管路	正确连接气泵管路	
	2	抽真空并测量负压	能正确检测负压真空度是否达到-40 kPa	
	3	检查动力电池螺栓	准确判断动力电池箱盖螺栓紧固情况	
	4	检查密封性	能正确更换密封条	
检查动力电池螺栓（3分）	1	检查螺栓力矩	能正确按规定次序和力矩紧固螺栓	
检查动力电池线束及插接件（20分）	1	断开高压母线	能正确断开高压母线，并用绝缘胶带缠绕	
	2	检查高压母线弯曲度	能准确判断高压母线的弯曲性能	
	3	检查高压母线橙色波纹管	准确判断高压母线橙色波纹管是否老化	
	4	检查高压母线端子	能准确判断端子是否烧蚀、虚接	
	5	检查低压插接件	能准确判断针脚是否烧蚀、虚接	
检查动力电池外部绝缘性（20分）	1	检测动力电池正极	正确操作绝缘电阻测试仪检测动力电池正极	
	2	检测动力电池负极	正确操作绝缘电阻测试仪检测动力电池负极	
	3	检测高压母线正极	正确操作绝缘电阻测试仪检测高压母线正极	
	4	检测高压母线负极	正确操作绝缘电阻测试仪检测高压母线负极	
车辆恢复（5分）	1	连接插接件	正确连接高、低压插接件	
	2	车辆下降	正确操作举升机下降车辆	
	3	连接蓄电池负极	正确连接蓄电池负极	
	4	连接动力电池	正确安装维修开关或连接高压母线	
	5	车辆上电	正确操作上电过程	
6S整理（2分）	1	拆除车外三件套	规范拆除车外三件套，关闭前机舱盖	
	2	拆除车内三件套	规范拆除车内三件套	
	3	整理工位	正确回收工具，清洁场地	

任务二　动力电池的拆卸

任务介绍

客户陈先生在驾驶新能源汽车的过程中发生了交通事故，在碰撞中动力电池严重变形，他将车辆送到4S店检修，检查后认为需要更换动力电池，你作为技师应该如何操作呢？

任务分析

在电动汽车使用过程中，车辆发生底盘剐蹭或交通事故，严重时会造成动力电池的损坏，目前动力电池仅能在4S店进行维修。动力电池的更换涉及动力电池的拆卸和安装过程，在此过程中需要注意动力电池的紧固连接和高压防护问题。

相关知识

动力电池系统为整车提供电能。HDE300km的动力电池系统由动力电池模组、动力电池信息采集器、动力电池串联线、动力电池托盘、动力电池包密封盖、动力电池采样线等组成，额定电压为394.2 V，额定容量为130 Ah。动力电池一般安装在车辆底部，如图2-12所示。

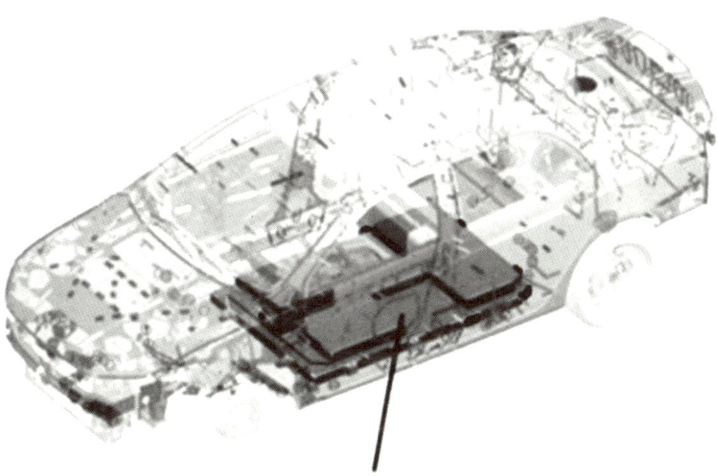

图2-12　动力电池布置形式

实践操作

1.作业前准备

（1）做好作业前准备工作，设置隔离带、警示牌，检查灭火器，安装车轮挡块，佩戴防护用品，检测绝缘性能，铺设车辆防护套装等，具体操作流程以项目一任务一流程为标准。

（2）断开低压蓄电池负极，并使用绝缘胶带缠绕。

（3）断开充配电总成低压插接件。

（4）佩戴绝缘手套与护目镜，断开维修开关或高压母线，等待5 min。

（5）使用万用表直流电压挡对高压母线插接件进行验电，测得结果接近0 V，动力电池高压断路，可进行拆卸操作。若测得结果远大于0 V，需再次等待几分钟，待下次检测高压母线电压为0 V时，才可进行下一步操作。

（6）使用绝缘胶带缠绕高压母线及充配电总成插接件。

2.动力电池的拆卸

（1）拧开冷却液膨胀壶盖。

（2）规范操作举升机，举升车辆并落锁。

（3）用冷却液水管专用卡钳，拆卸冷却液进出水管的卡箍，然后拔出冷却液水管，将冷却液排放至回收量杯中，如图2-13所示。

（4）安装堵头和防护套，并使用抹布擦干洒落的冷却液，确保操作区域干燥。

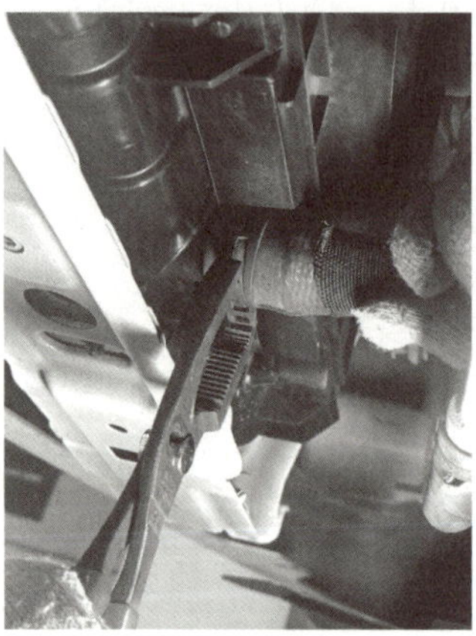

图2-13　拆卸冷却液管路

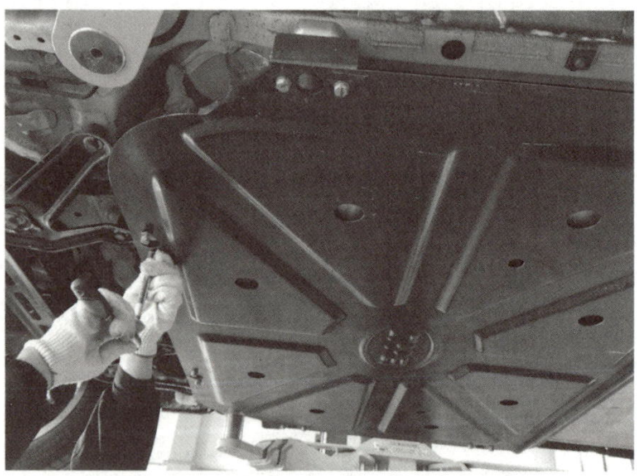

图2-14　拆卸动力电池护板螺栓

（5）断开动力电池包低压插接件。

（6）断开高压插接件并使用绝缘胶带进行绝缘保护。

（7）拆卸动力电池包等电位线固定螺栓。

（8）拆卸动力电池包护板的固定螺栓，取下护板，如图2-14所示。

（9）使用动力电池举升机，缓慢升起至托住动力电池包，操作时切勿遮挡动力电池包的固定螺栓，如图 2-15 所示。

图 2-15　托举动力电池

图 2-16　拆卸动力电池螺栓

（10）使用扭力扳手预松动力电池包对角固定螺栓。

（11）对角拆卸动力电池固定螺栓，如图 2-16 所示，缓慢下降动力电池举升平台。

（12）将电池包从车底推出，对电池包进行隔离防护，确保安全。

3.6S 整理

清点工具放回原位，进行场地 6S 管理。

思考与练习

1. 填空题

（1）当拆卸动力电池时，托举电池的设备名称是________。

（2）在拆除动力电池母线后，需要进行________、________操作。

2. 简答题

（1）简述动力电池的拆卸过程。

（2）动力电池拆卸时的准备工作有哪些？

任务二工单　动力电池的拆卸任务

1. 任务分组

班级		组号		指导老师	
组长		学号			
小组成员	姓名	学号	角色分工		
			监护人员		
			操作人员		
			记录人员		
			评分人员		

2. 任务准备

设备、工具、耗材准备：绝缘测试仪、绝缘垫、绝缘手套、绝缘鞋、安全帽、护目镜、举升机、车内（外）三件套、车轮挡块、警示牌、隔离带、一般手动工具（螺丝刀、扳手、格式套筒）、扭力扳手、万用表、维修手册、用户手册、动力电池举升平台等。

3. 任务实施

动力电池的拆卸				
车型：			行驶里程：	
VIN码：			电机型号：	
项目及序号		维护作业内容	数据或异常情况记录	维护措施
准备工作	1	检查耐磨手套	□正常 □破损	
	2	检查绝缘手套	□正常 □破损 □防护等级过低	
	3	检查万用表	□正常 □破损 □短路 □断路	
	4	铺设车内三件套	□是 □否	
	5	降下驾驶位车窗	□是 □否	

项目及序号		维护作业内容	数据或异常情况记录	维护措施
准备工作	6	车辆下电	□是 □否	
	7	铺设车外三件套	□是 □否	
	8	断开低压蓄电池负极	□是 □否	
	9	断开充配电总成低压插接件	□是 □否	
	10	断开维修开关或高压母线	□是 □否	
	11	验电,测量电压	□正常 □过大	
动力电池的拆卸	1	打开冷却液膨胀壶盖	□是 □否	
	2	举升车辆	□是 □否	
	3	排放冷却液	□是 □否	
	4	断开动力电池包低压插接件	□是 □否	
	5	断开动力电池高压母线	□是 □否	
	6	拆卸动力电池等电位线固定螺栓	□是 □否	
	7	拆卸动力电池护板螺栓	□是 □否	
	8	动力电池举升平台托举动力电池	□是 □否	
	9	拆卸动力电池固定螺栓	□是 □否	
	10	动力电池隔离放置	□是 □否	
6S整理	1	清点工具,场地6S管理	□是 □否	
总体状况描述				
总体建议				

4. 考核评价

项目及序号		维护作业内容	评价标准	得分
作业前准备(16分)	1	检查耐磨手套	检查耐磨手套有无破损,如破损,需更换	
	2	检查绝缘手套	检查绝缘手套有无破损,防护等级大于1 000 V	
	3	检查万用表	正确检查万用表外观,并校零	

项目及序号		维护作业内容	评价标准	得分
作业前准备(16分)	4	车辆停放	车辆停放平稳,放置挡块	
	5	安装车内三件套	车内三件套安装齐全且正确	
	6	降下驾驶位车窗	能正确降下驾驶位车窗	
	7	安装车外三件套	车外三件套安装齐全且正确	
动力电池的拆卸(80分)	1	断开蓄电池负极	正确断开蓄电池负极,并使用绝缘胶带包裹	
	2	断开充配电总成低压插接件	能正确断开插接件	
	3	断开维修开关或高压母线	正确佩戴绝缘手套,断开动力电池高压维修开关或高压母线	
	4	高压母线验电	正确佩戴绝缘手套,能正确使用万用表验电	
	5	拧开冷却液膨胀壶盖	正确打开冷却液膨胀壶盖	
	6	举升车辆	用举升机正确举升车辆并落锁	
	7	排放冷却液	冷却液全部排放,排放过程无撒漏	
	8	断开动力电池包低压插接件	正确佩戴绝缘手套断开插接件	
	9	断开动力电池高压母线	正确佩戴绝缘手套断开高压母线	
	10	拆卸动力电池等电位线固定螺栓	能按规范次序拆卸螺栓	
	11	拆卸护板固定螺栓	能按规范次序拆卸螺栓,护板能够安全放置	
	12	托举动力电池	动力电池举升平台能够完全支撑动力电池	
	13	拆卸动力电池固定螺栓	能按规范次序拆卸螺栓	
	14	动力电池隔离放置	动力电池能够单独、安全放置	
6S整理(4分)	1	清点工具,场地6S管理	正确回收工具,清洁场地	

任务三　充配电总成的维护

任务介绍

王先生的电动汽车已经行驶了10 000 km，根据厂家规定需要对车辆进行维护，在此过程中需要对充配电总成进行检测与维护，作为4S店的一名维修技师，你该如何检查与维护呢?

任务分析

充配电总成是电动汽车充电、放电的核心装置，目前多数充配电总成是将多个模块集成为一体，其结构涉及高压充放电、低压控制、冷却等功能，结构复杂，维护内容较多，需检查总成结构、高低压线束、冷却系统等。

相关知识

1. 充配电总成的结构

某新能源汽车全车采用电力电子集成技术，将车载充电机（OBC）、DC-DC转换器和高压配电盒三者集成，共同构成充配电总成三合一，如图2-17所示。通过充配电总成三合一可将车载电源产品做到“轻量化、小型化、集成化及低成本”，动力总成参数见表2-1。

表2-1　充配电总成性能参数

充配电总成		性能参数
电压	额定电压	394.2 V
	最高电压	450 V
	最低电压	250 V
OBC	充电功率	6.6 kW
	类型	单向、隔离
DC	额定输出电压	13.8 V
	额定输出电流	145 A

图2-17　充配电总成

充配电总成布置形式如图2-18所示。

图2-18　充配电总成布置形式

2.充配电总成的功能

（1）当车辆放电时，动力电池将高压直流电输出到高压配电盒后，再分配到电机控制器、PTC加热器、空调压缩机等高压部件。

（2）当车辆放电时，部分高压直流电通过高压配电盒分配到DC-DC转换器，将高压直流电转为低压12 V直流电为蓄电池充电。

（3）当车辆充交流电时，220 V交流电经过OBC转化为直流电，然后经过高压配电盒储存到蓄电池。

实践操作

充配电总成的维护

1.作业准备

（1）做好作业前准备工作，设置隔离带、警示牌，检查灭火器，安装车轮挡块，佩戴防护用品，检测绝缘性能，铺设车辆防护套装等，具体操作流程以项目一任务一流程为标准。

（2）断开低压蓄电池负极，并使用绝缘胶带缠绕。

（3）佩戴绝缘手套与护目镜，断开维修开关或高压母线，等待5 min。

（4）使用万用表直流电压挡对高压母线插接件进行验电。

2. 检查与维护充配电总成外观

目视检查充配电总成外壳是否有明显碰撞痕迹，外壳有无变形及破损，必要时进行更换，如图2-19所示。

图2-19　充配电总成外壳的检查

3. 检查充配电总成的紧固螺栓

（1）检查充配电总成紧固螺栓有无锈蚀，如图2-20所示。

（2）检查充配电总成紧固力矩是否足够。

图2-20　检查充配电总成螺栓

4. 检查与维护充配电总成连接线束

(1) 检查高压母线连接是否牢靠，有无松动，如图2-21所示。

(2) 检查充配电总成各连接线束有无破损、裂纹，连接是否可靠，如图2-22所示。

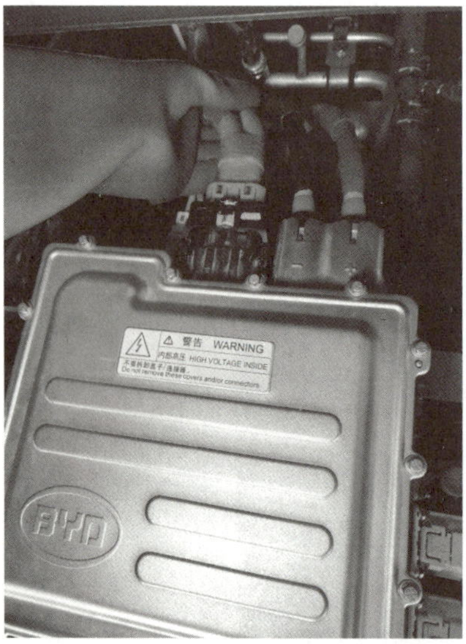

图2-21 检查充配电总成高压母线

图2-22 检查充配电总成连接线束

(3) 检查低压插接件连接是否牢靠，有无松动，如图2-23所示。

5. 检查充配电总成冷却管路

检查充配电总成冷却管路连接处是否出现液体泄漏及渗出，如图2-24所示，如出现液体渗漏须立即维修。

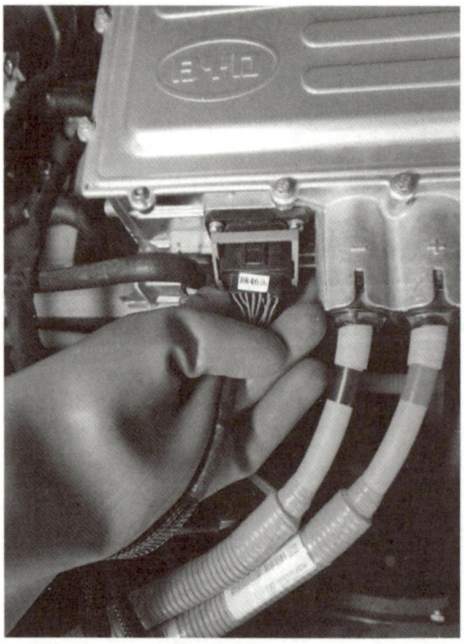

图2-23 检查充配电总成低压插接件

图2-24 检查充配电总成冷却管路

6.检查充配电总成的绝缘性能

（1）使用绝缘电阻测试仪测量充配电总成正极绝缘电阻，红表笔接到充配电总成正极，黑表笔接地。端子正极绝缘电阻值为无穷大，大于标准值10 MΩ。

（2）使用绝缘电阻测试仪测量充配电总成负极绝缘电阻，端子负极绝缘电阻值为无穷大。

（3）使用绝缘电阻测试仪测量高压母线正极绝缘电阻，端子正极绝缘电阻值为11 MΩ。

（4）使用绝缘电阻测试仪测量高压母线负极绝缘电阻，端子负极绝缘电阻值为11 MΩ。

7.车辆恢复

（1）连接动力电池低压插接件。

（2）安装维修开关或连接高压母线。

（3）拆除蓄电池负极绝缘胶带，安装蓄电池负极。

（4）车辆启动，正常上“OK”电，车辆下电。

8.检查车载充电机工作状态

连接交流充电枪对车辆进行充电，查看充电指示灯是否点亮，如图2-25所示。

图2-25　车辆充电仪表状态

9.检查DC-DC转换器工作状态

通过测量DC-DC转换器的输出电压，判断DC-DC转换器是否工作。

（1）车辆上电前检测蓄电池静态电压，如图2-26所示。

（2）车辆上电，关闭所有用电设备。

（3）测量车辆动态电压，如图2-27所示，判断DC-DC工作状态。

图2-26　蓄电池静态电压

图2-27　蓄电池动态电压

10.6S整理

（1）拆除车外三件套、车内三件套，关闭前机舱盖。

（2）清点工具放回原位，进行场地6S管理。

思考与练习

1.填空题

（1）充配电总成由________、________和________三部分组成。

（2）DC-DC转换器的输出电压为________V。

（3）充电指示灯在________的情况下点亮。

2.简答题

（1）简述充配电总成的维护内容。

（2）简述充配电总成的维护流程。

任务三工单 充配电总成的维护任务

1. 任务分组

班级		组号		指导老师	
组长		学号			
小组成员	姓名	学号	角色分工		
			监护人员		
			操作人员		
			记录人员		
			评分人员		

2. 任务准备

设备、工具、耗材准备：绝缘测试仪、绝缘垫、绝缘手套、绝缘鞋、安全帽、护目镜、举升机、车内（外）三件套、车轮挡块、警示牌、隔离带、一般手动工具（螺丝刀、扳手、格式套筒）、扭力扳手、万用表、维修手册、用户手册等。

3. 任务实施

充配电总成的维护				
车型：			行驶里程：	
VIN 码：			电机型号：	
项目及序号		维护作业内容	数据或异常情况记录	维护措施
准备工作	1	检查耐磨手套	□正常 □破损	
	2	检查绝缘手套	□正常 □破损 □防护等级过低	
	3	检查万用表	□正常 □破损 □短路 □断路	
	4	铺设车内三件套	□是 □否	
	5	铺设车外三件套	□是 □否	
	6	断开蓄电池负极	□是 □否	
	7	断开维修开关或高压母线	□是 □否	

项目及序号		维护作业内容	数据或异常情况记录	维护措施
检查充配电总成外观	1	检查充配电总成外观	□正常 □磕碰 □划伤 □损坏	
检查充配电总成紧固螺栓	1	检查充配电总成紧固螺栓	□正常 □变形 □缺失 □松动	
	2	检查充配电总成紧固力矩	□正常 □松动	
检查充配电总成连接线束	1	检查充配电总成高压线束	□正常 □破损	
	2	检查高压母线插接件	□正常 □松动	
	3	检查充配电总成低压线束	□正常 □破损	
	4	检查充配电总成低压插接件	□正常 □松动	
检查充配电总成冷却管路	1	检查充配电总成冷却管路	□正常 □渗漏	
检查充配电总成绝缘性	1	检查充配电总成正极绝缘性能,阻值______	□正常 □异常 □虚接	
	2	检查充配电总成负极绝缘性能,阻值______	□正常 □异常 □虚接	
	3	检查高压母线正极绝缘性能,阻值______	□正常 □异常 □虚接	
	4	检查高压母线负极绝缘性能,阻值______	□正常 □异常 □虚接	
车辆恢复	1	连接低压插接件	□已完成 □未完成	
	2	连接维修开关或高压母线	□已完成 □未完成	
	3	安装蓄电池负极	□已完成 □未完成	
	4	车辆上下电	□已完成 □未完成	
检查车载充电机工作状态	1	检查车载充电机工作状态	□正常充电 □不能充电	
检查DC-DC转换器工作状态	1	检测蓄电池静态电压	□已完成 □未完成	
	2	车辆上电,关闭用电设备	□已完成 □未完成	
	3	检测蓄电池动态电压	□已完成 □未完成	
6S整理	1	拆除车外三件套,关闭前机舱盖	□已完成 □未完成	
	2	拆除车内三件套	□已完成 □未完成	
	3	清点工具,场地6S管理	□已完成 □未完成	
总体状况描述				
总体建议				

4. 考核评价

项目及序号		维护作业内容	评价标准	得分
作业前准备（15分）	1	检查耐磨手套	检查耐磨手套有无破损，如破损，需更换	
	2	检查绝缘手套	检查绝缘手套有无破损，防护等级应大于1 000 V	
	3	检查万用表	正确检查万用表外观，并校零	
	4	安装车内三件套	车内三件套安装齐全且正确	
	5	安装车外三件套	车外三件套安装齐全且正确	
	6	断开蓄电池负极	正确断开蓄电池负极，并使用绝缘胶带包裹	
	7	断开维修开关或高压母线	正确佩戴绝缘手套，断开动力电池维修开关或高压母线	
检查充配电总成外观（5分）	1	检查充配电总成外观	目视检查外观有无变形、开裂、破损	
检查充配电总成紧固螺栓（10分）	1	检查充配电总成紧固螺栓	正确判断螺栓有无锈蚀、破损	
	2	检查充配电总成紧固力矩	正确判断充配电总成螺栓紧固情况	
检查充配电总成连接线束（15分）	1	检查充配电总成高压线束	正确佩戴绝缘手套，检查高压线束有无破损、开裂	
	2	检查高压母线插接件	正确佩戴绝缘手套，检查高压线束连接情况	
	3	检查充配电总成低压线束	正确佩戴绝缘手套，检查低压线束有无破损、开裂	
	4	检查充配电总成低压插接件	正确佩戴绝缘手套，检查低压线束连接情况	
检查冷却管路（5分）	1	检查充配电总成冷却管路	正确判断充配电总成冷却管路连接处有无渗漏	
检查充配电总成的绝缘性能（20分）	2	检测充配电总成正极绝缘性能	正确操作绝缘电阻测试仪检测充配电总成正极绝缘阻值	
	3	检测充配电总成负极绝缘性能	正确操作绝缘电阻测试仪检测充配电总成负极绝缘阻值	
	4	检测高压母线正极绝缘性能	正确操作绝缘电阻测试仪检测高压母线正极绝缘阻值	
	5	检测高压母线负极绝缘性能	正确操作绝缘电阻测试仪检测高压母线负极绝缘阻值	

项目及序号		维护作业内容	评价标准	得分
车辆恢复（5分）	1	连接低压插接件	正确连接低压插接件	
	2	连接维修开关或高压母线	规范连接维修开关或高压母线	
	3	连接蓄电池负极	正确连接蓄电池负极	
	4	车辆上下电	正确操作上下电流程	
检查OBC（5分）	1	检查车载充电机工作状态	能正确对车充电，并观察充电指示灯	
检查DC-DC转换器工作状态（15分）	1	测量静态电压	能规范测量车辆未启动时的蓄电池电压	
	2	车辆上电	车辆上电，关闭所有用电设备	
	3	测量动态电压	能规范测量车辆启动后的蓄电池电压	
6S整理（5分）	1	拆除车外三件套	规范拆除车外三件套，关闭前机舱盖	
	2	拆除车内三件套	规范拆除车内三件套	
	3	整理工位	正确回收工具，清洁场地	

任务四　充电系统维护与安全充电

任务介绍

李先生刚去4S店提了一辆新能源汽车。这是李先生第一次购买新能源汽车，他对如何进行安全充电操作的方法还不清楚。你作为技师该如何向其介绍呢?

任务分析

充电系统维护主要涉及快充和慢充两个方面，一般只需判断充电口状态是否良好，线束是否连接正常即可。

相关知识

充电系统是电动汽车主要的能源补给系统，充电方式分为慢充和快充两种。

（1）慢充充电。慢充充电俗称慢充系统，使用220 V交流电源，通过整流变换，将交流电变换为高压直流电给动力蓄电池进行供电，可用于车辆在停车场以外的地方充电。

（2）快充充电。快充充电俗称快充系统，是指以较大的电流(150～400 A)为电动汽车进行充电，可以在较短的时间内完成电动汽车充电，一般使用380 V三相电，进行功率变换后将大电流通过车载高压母线直接供给动力电池，从而完成充电。

实践操作

充电系统的维护

1.准备工作

（1）做好作业前准备工作，设置隔离带、警示牌，检查灭火器，安装车轮挡块，佩戴防护用品，检测绝缘性能，铺设车辆防护套装等，具体操作流程以项目一任务一流程为标准。

（2）断开低压蓄电池负极，并使用绝缘胶带缠绕。

2.直流充电系统的检查

（1）拆卸前舱饰板的固定卡扣，取下前舱饰板。

（2）检查直流充电高压线束有无破损，橙色波纹管是否老化。

（3）检查直流充电口搭铁固定螺栓有无松动。

（4）检查直流充电口低压插接件有无松动，连接是否可靠。

（5）按压直流充电口盖，打开直流充电口盖，如图2–28所示。

（6）检查直流充电口有无异物，有无烧灼现象，如图2–29所示。

图2–28　按压直流充电口盖

图2–29　检查直流充电口

图2–30　紧固直流充电口螺栓

（7）检查并紧固直流充电口螺栓，如图2–30所示；关闭直流充电口盖。

3.交流充电系统的检查

（1）打开后备箱盖。

（2）拆卸后备箱右后饰板卡扣，拆下右后饰板，如图2–31所示。

（3）检查交流充电输入插接件有无松动、破损，如图2–32所示。

（4）检查交流充电线束有无松动、破损，如图2–32所示。

（5）检查交流充电座有无松动、破损。

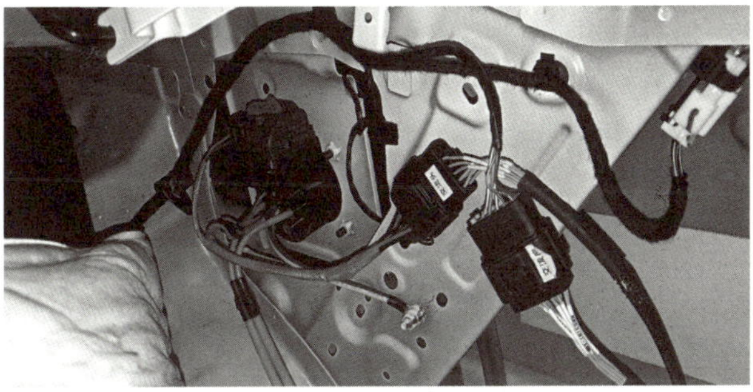

图2-31　拆下右后饰板

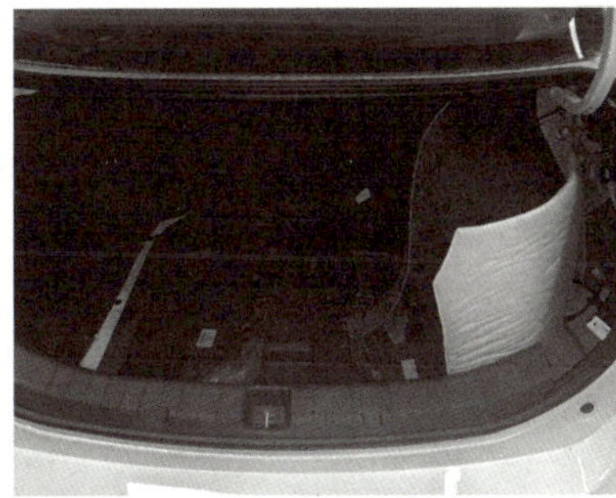

图2-32　检查交流充电插接件及线束

（6）检查交流充电搭铁线及搭铁固定螺栓有无松动。

（7）检查交流低压插接件有无松动。

（8）检查交流充电线束固定卡扣有无松动。

（9）安装后备箱右后饰板。

（10）按压交流充电口盖，打开交流充电口盖，如图2-33所示。

（11）检查交流充电口有无异物，有无烧灼现象，如图2-34所示。

（12）检查并紧固交流充电口螺栓。

（13）拆除绝缘胶带，安装低压蓄电池负极。

图2-33　按压交流充电口盖

图2-34　检查交流充电口

4.安全充电操作

（1）打开车辆尾部右侧的交流充电口盖。

（2）上下按压卡扣，打开车辆交流充电口保护盖，此时充电口上指示灯点亮，如图2-35所示。

（3）按下充电枪上的锁止按键(一般在充电枪的把手顶部)，从充电桩上取下交流充电枪。

（4）长按充电枪上的锁止按键，将充电枪垂直插入充电口中，然后松开锁止按键，如图2-36所示。

图2-35　充电指示灯点亮

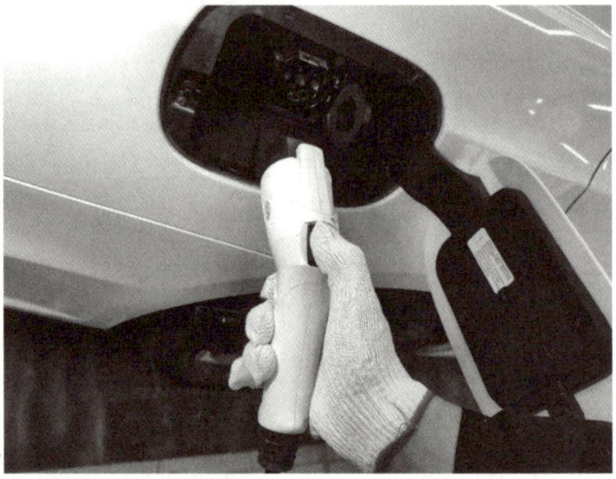

图2-36　插入充电枪

（5）进入车内，观察仪表，仪表充电指示灯点亮。

（6）取出充电柜的专用卡，在交流桩刷卡区刷卡后，即开始充电，如图2-37所示。此时，通过充电桩显示屏可以看到充电电压、充电电流、充电时长、充电度数、充电金额等信息。通过车辆仪表可以看到预计充满时间、充电功率等信息，如图2-38所示。

图2-37　充电柜信息

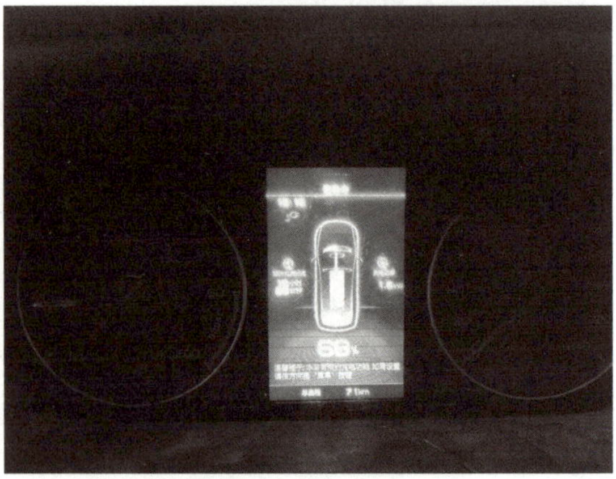

图2-38　充电状态车辆仪表显示

（7）充电完成后，点击充电桩屏幕停止充电。

（8）长按充电枪锁止按键，拔出充电口处的充电枪，并插回充电桩。

（9）合上充电口保护盖，关闭充电口盖。

注意事项：车辆充电等级优于放电，一般车辆充电时会开启电锁。打开电锁后才能拔出充电枪。部分车型设置机械电锁，拔拉开关即可开启电锁；部分车型设置电控电锁，可以通过携带钥匙按压车门上的微开关或者按压钥匙上的解锁按键打开电锁，解锁后再按压充电枪锁止按键即可拔出充电枪。

5.6S 整理

（1）拆除车外三件套，关闭前机舱盖。

（2）规范拆除车内三件套。

（3）清点工具放回原位，进行场地6S管理。

思考与练习

1.填空题

（1）充电类型一般分为__________和__________。

（2）充电时，充电桩显示屏可以看到________、________、________、________、________等信息。

（3）通过车辆仪表可以看到________、________等信息。

2.简答题

（1）简述直流充电口的维护内容。

（2）简述交流安全充电操作。

任务四工单　充电系统维护与安全充电任务

1. 任务分组

班级		组号		指导老师	
组长		学号			
小组成员	姓名	学号	角色分工		
			监护人员		
			操作人员		
			记录人员		
			评分人员		

2. 任务准备

设备、工具、耗材准备：绝缘测试仪、绝缘垫、绝缘手套、绝缘鞋、安全帽、护目镜、车内（外）三件套、车轮挡块、警示牌、隔离带、一般手动工具（螺丝刀、扳手、格式套筒）、扭力扳手、万用表、维修手册、用户手册等。

3. 任务实施

充电系统维护与安全充电				
车型：			行驶里程：	
VIN码：			电机型号：	
项目及序号		维护作业内容	数据或异常情况记录	维护措施
准备工作	1	检查耐磨手套	□正常 □破损	
	2	检查绝缘手套	□正常 □破损 □防护等级过低	
	3	铺设车内三件套	□是 □否	
	4	铺设车外三件套	□是 □否	
	5	断开蓄电池负极	□是 □否	

项目及序号		维护作业内容	数据或异常情况记录	维护措施
直流充电系统的检查	1	拆卸前舱饰板	□已完成 □未完成	
	2	检查直流充电高压线束	□正常 □破损	
	3	检查直流充电口搭铁固定螺栓	□正常 □松动 □损坏 □丢失	
	4	检查直流充电口低压插接件	□正常 □破损 □松动	
	5	打开直流充电口盖	□已完成 □未完成	
	6	检查直流充电口	□正常 □有异物 □烧蚀	
	7	检查直流充电口螺栓	□正常 □变形 □缺失 □松动	
	8	关闭直流充电口	□已完成 □未完成	
交流充电系统的检查	1	打开后备箱盖	□已完成 □未完成	
	2	拆卸后备箱右后饰板	□已完成 □未完成	
	3	检查交流充电座	□正常 □破损 □松动	
	4	检查交流充电搭铁线及搭铁固定螺栓	□正常 □变形 □缺失 □松动	
	5	检查交流充电输入插接件	□正常 □破损 □松动	
	6	检查交流充电线束	□正常 □破损 □松动	
	7	检查交流充电线束固定卡扣	□正常 □破损 □松动	
	8	检查并紧固交流充电口螺栓	□正常 □变形 □缺失 □松动	
	9	安装低压蓄电池负极	□已完成 □未完成	
安全充电操作	1	打开交流充电口盖	□已完成 □未完成	
	2	打开车辆交流充电口保护盖	□已完成 □未完成	
	3	取下交流充电枪	□已完成 □未完成	
	4	将充电枪插入车辆交流充电口	□已完成 □未完成	
	5	交流桩刷卡区刷卡	□已完成 □未完成	
	6	充电完成,刷卡停止充电	□已完成 □未完成	
	7	拔出充电枪	□已完成 □未完成	
	8	关上充电口保护盖,关闭充电口盖	□已完成 □未完成	
	9	充电枪插回充电桩	□已完成 □未完成	
6S整理	1	拆除车外三件套,关闭前机舱盖	□已完成 □未完成	
	2	拆除车内三件套	□已完成 □未完成	
	3	清点工具,场地6S管理	□已完成 □未完成	
总体状况描述				
总体建议				

4. 考核评价

项目及序号		维护作业内容	评价标准	得分
作业前准备（15分）	1	检查耐磨手套	检查耐磨手套有无破损，如破损，需更换	
	2	检查绝缘手套	检查绝缘手套有无破损，防护等级应大于1 000 V	
	3	安装车内三件套	车内三件套安装齐全且正确	
	4	安装车外三件套	车外三件套安装齐全且正确	
	5	断开蓄电池负极	正确断开蓄电池负极，并使用绝缘胶带包裹	
直流充电系统的检查（25分）	1	拆卸前舱饰板	正确拆卸前舱饰板	
	2	检查直流充电高压线束	正确佩戴绝缘手套，检查高压线束有无破损、开裂	
	3	检查直流充电口搭铁固定螺栓	正确检查固定螺栓有无松动	
	4	检查直流充电口低压插接件	正确佩戴绝缘手套，检查插接件有无破损、开裂	
	5	打开直流充电口盖	打开直流充电口盖方法正确	
	6	检查直流充电口	正确判断直流充电口有无异物、烧灼现象	
	7	检查直流充电口螺栓	正确判断直流充电口紧固螺栓是否松动	
	8	关闭直流充电口	关闭直流充电口方法正确	
交流充电系统的检查（25分）	1	打开后备箱盖	正确打开后备箱	
	2	拆卸后备箱右后饰板	正确拆卸后备箱右后饰板	
	3	检查交流充电座	正确佩戴绝缘手套，检查交流充电座有无松动、破损	
	4	检查交流充电搭铁线及搭铁固定螺栓	正确检查固定螺栓有无松动	
	5	检查交流充电输入插接件	正确佩戴绝缘手套，检查插接件有无松动、破损	
	6	检查交流充电线束	正确佩戴绝缘手套，检查交流充电线束有无破损、开裂	
	7	检查交流充电线束固定卡扣	正确佩戴绝缘手套，检查交流充电线束固定卡扣有无松动	

项目及序号		维护作业内容	评价标准	得分
交流充电系统的检查（25分）	8	检查并紧固交流充电口螺栓	正确判断并紧固交流充电口紧固螺栓	
	9	安装蓄电池负极	正确连接蓄电池负极	
安全充电操作（25分）	1	打开交流充电口盖	正确打开交流充电口盖	
	2	打开车辆交流充电口保护盖	正确打开交流充电口保护盖	
	3	取下交流充电枪	正确取下交流充电枪	
	4	将充电枪插入车辆交流充电口	正确将充电枪插入车辆交流充电口	
	5	交流桩刷卡区刷卡	正确刷卡充电	
	6	充电完成，刷卡停止充电	正确刷卡停止充电	
	7	拔出充电枪	正确拔出充电枪	
	8	关上充电口保护盖，关闭充电口盖	正确关上充电口保护盖，关闭充电口盖	
	9	充电枪插回充电桩	正确将充电枪插回充电桩	
6S整理（10分）	1	拆除车外三件套	规范拆除车外三件套，关闭前机舱盖	
	2	拆除车内三件套	规范拆除车内三件套	
	3	整理工位	正确回收工具，清洁场地	

项目三

电驱动系统的维护

思政讲堂

“种业是农业的‘芯片’，一个优良的水稻品种，可以造福千家万户。”中国科学院院士、植物遗传育种学家谢华安和他的团队历经成千上万次的筛选和试验，成功育成“明恢63”等系列恢复系和“汕优63”等杂交稻品种，对保持我国杂交水稻在世界的领先地位发挥了重要作用。

“当年入行的想法很简单，就是想解决人们的吃饭问题。”谢华安院士说自己懂得挨饿的滋味，所以毕生的目标就是让大家吃得饱、吃得好、吃得健康。

“中国人不仅要把饭碗端在自己手中，而且饭碗里要装我们自己的粮食。

“中国水稻育种有两个里程碑，第一个是中国矮秆水稻育种的成功；第二个是20世纪70年代杂交水稻的育成。

“农业生产和粮食安全是多么的重要，而种业是农业的‘芯片’，优良的种苗对生产起很大的作用，我们要打好种业‘翻身仗’。”

实训目标

（1）掌握电动汽车驱动电机的基本检查项目。

（2）掌握电机控制器的基本检查项目。

（3）能正确地进行驱动电机及电机控制器的检查与保养。

（4）能正确对减速器进行维护作业。

（5）能完成减速器润滑油的更换。

(6) 能完成减速器的拆装。

(7) 掌握电动汽车冷却系统的基本维护项目。

(8) 能正确对冷却系统进行维护作业。

(9) 能完成冷却液的更换。

任务一　驱动电机及控制器的维护

任务介绍

一辆纯电动汽车最近在启动时，有时不能正常启动，有时踩踏油门踏板车速增加缓慢，客户到4S店咨询，你作为技师应该如何检查呢？

任务分析

车辆行驶状态主要受驱动电机及电机控制器影响，一般需要检查电机及控制器连接状态和元件有无碰撞、变形等。

相关知识

驱动系统是纯电动汽车的心脏，主要由驱动电机、电机控制器、减速器总成组成，并通过高低压线束、冷却管路与整车其他系统连接，如图3-1所示为电驱动系统。

驱动电机是动力总成的核心部件，它是进行机械能和电能相互转换的电磁装置，也是驱动电动汽车行驶的动力装置，承担着电能转化为机械能的功能。

电机控制器是驱动电机系统的控制核心。电机控制器能响应并反馈整车控制器、根据驾驶员意图发出各种指令，实时调整驱动电机输出，以实现控制驱动电机的转速、转向和通断，并实时检测状态和故障，确保汽车安全可靠地运行。

减速装置输入端与电机输出轴相连接，通过内部主减速器、差速器和半轴将动力传递到车轮，实现减速增扭、差速等功能。

图3-1　电驱动系统

实践操作

驱动电机及控制器的检查

1.准备工作

（1）做好新能源汽车作业前准备工作，设置隔离带、警示牌，检查灭火器，安装车轮挡块，佩戴防护用品，检测绝缘性能，铺设车辆防护套装等，具体操作流程以项目一任务一流程为标准。

（2）断开低压蓄电池负极，使用绝缘胶带包好，断开整车低压控制电源。

（3）佩戴绝缘手套，断开动力电池高压维修开关；当车辆无维修开关时，断开高压母线。

2.检查驱动电机外观

（1）检查驱动电机表面是否有油液污渍，是否存在漏液现象。

（2）检查驱动电机的上水管和下水管有无裂纹和泄漏，如果存在泄漏情况，需查找泄漏部位。一般泄漏部位位于管路接口处，需重点关注。

（3）目测车身底部防护层，检查驱动电机是否有磕碰、损坏，如图3-2所示。

图3-2　检查驱动电机外观

图3-3　检查驱动电机插接件

3. 检查电机控制器外观

（1）检查电机控制器表面是否有油液污渍。

（2）检查电机控制器的上水管和下水管有无裂纹和泄漏。

（3）目测电机控制器外观否有磕碰、变形和损坏。

4. 检查驱动电机螺栓紧固情况

检查驱动电机各固定螺栓状态，检查紧固螺栓有无锈蚀、损坏，紧固力矩是否足够，并再次紧固。

5. 检查驱动电机插接件

驱动电机上的线束分为低压控制线束和三相高压线束。

（1）检查驱动电机高压线束连接状态，有无松动、退针、变形、过热熔化和锈蚀的情况。

（2）检查驱动电机低压插接件连接是否完好，有无破损、裂纹，如图3-3所示。

（3）检查低压插接件是否存在松动、退针、变形、过热熔化和锈蚀的情况。

6. 检查电机控制器插接件

电机控制器上的线束分为低压控制线束和高压线束，高压线束由高压直流输入线束和380 V三相交流电输出线束组成。

（1）检查电机控制器高压直流输入线束有无破损、裂纹。

（2）检查电机控制器高压直流输入插接件连接状态，是否存在松动、退针、变形、过热熔化和锈蚀的情况，如图3-4所示。

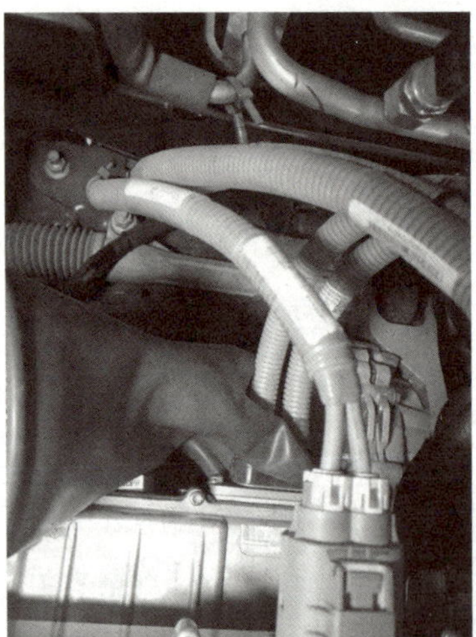

图3-4　检查电机控制器高压插接件

图3-5　检查电机控制器低压插接件

（3）检查电机控制器380 V三相交流电输出线束有无破损、裂纹。

（4）检查电机控制器380 V三相交流电输出插接件状态，是否存在松动、退针、变形、过热熔化和锈蚀的情况。

（5）检查电机控制器低压线束有无破损、裂纹。

（6）检查电机控制器低压插接件是否存在退针、变形、松脱、过热熔化和锈蚀的情况，如图3-5所示。

7.检查电机控制器的绝缘情况

电机控制器的绝缘检测与电机的绝缘检测基本一致，如图3-6所示。

（1）测量电机控制器交流线束绝缘情况。将绝缘表黑表笔搭铁，红表笔逐个接触电机控制器三相交流电U、V、W端子，U相、V相、W相的搭铁绝缘值应大于或等于100 MΩ。

（2）测量电机控制器直流线束绝缘情况。将绝缘表黑表笔搭铁，红表笔分别搭在电机控制器直流线束的“+”、“-”端子，“+”、“-”端子的搭铁绝缘值应大于或等于100 MΩ。

8.检查驱动电机的绝缘情况

驱动电机绝缘检测与动力电池绝缘检测基本一致。

（1）使用绝缘电阻测试仪测量驱动电机相线绝缘电阻，挡位选择1 000 V，红表笔接到U相，黑表笔接地。端子正极绝缘阻值为550 MΩ，大于标准值100 MΩ；若不合格则需修复或更换，如图3-6所示。

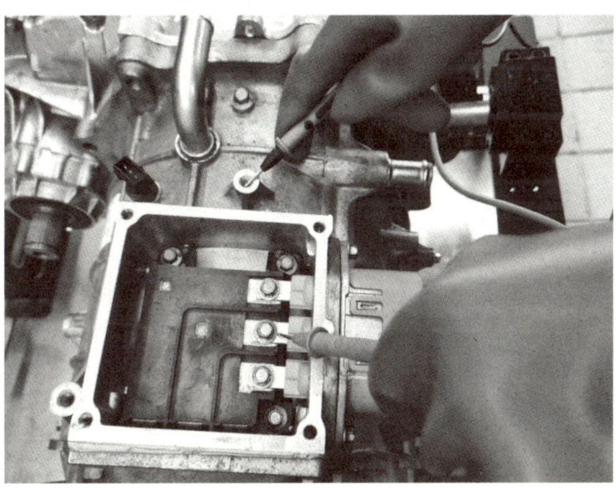

图3-6　检查驱动电机绝缘情况

（2）使用绝缘电阻测试仪测量驱动电机相线绝缘电阻，挡位选择1 000 V，红表笔接到V相，黑表笔接地。端子正极绝缘阻值为550 MΩ，大于标准值100 MΩ；若不合格则需修复或更换。

（3）使用绝缘电阻测试仪测量驱动电机相线绝缘电阻，挡位选择1 000 V，红表笔接到W相，黑表笔接地。端子正极绝缘阻值为550 MΩ，大于标准值100 MΩ；若不合格则需修复或更换。

9. **检查驱动电机定子绕组**

（1）使用万用表测量定子绕组U相与V相间的阻值。

（2）使用万用表测量定子绕组U相与W相间的阻值。

（3）使用万用表测量定子绕组V相与W相间的阻值。

10. **检查驱动电机旋转变压器**

用万用表测量电机旋变传感器的阻值，如图3-7所示，电机旋变分为三组，分别测量A-B组、C-D组、E-F组的绕组电阻。旋变信号电阻值为60 Ω左右为正常，若电阻值为无穷大，说明电机旋变传感器有断路，需更换旋转变压器。

旋变传感阻值：正弦阻值为（59±6）Ω，余弦阻值为（56±6）Ω，励磁阻值为（19±2）Ω。

图3-7　检查旋变信号

11. **检查驱动电机温度传感器**

在常温状态下测量电机温度传感器的阻值。电机温度传感器的阻值一般为1 kΩ左右，若为无穷大，则温度传感器断路。

温度传感器阻值与温度的关系如表3-1所示：

表3-1　温度传感器温度与阻值关系表

温度	阻值
0 ℃	364.9 kΩ
10 ℃	212.5 kΩ
20 ℃	127.7 kΩ
30 ℃	78.88 kΩ
40 ℃	50.04 kΩ

12. 检查驱动电机高压互锁

高压互锁是一个由所有高压附件所组成的串联闭环电路。每个高压附件对应的两个高压互锁端子应该为导通状态，如果不导通，相当于某个高压插件未插或未插到位造成高压互锁回路断路。检查驱动电机高压互锁端子需要测量驱动电机高压互锁的电阻值，端子L和M之间若阻值为无穷大，则为断路。

13. 车辆恢复

（1）连接维修开关或高压母线。

（2）拆除蓄电池负极绝缘胶带，安装蓄电池负极。

（3）车辆启动，正常上“OK”电，车辆下电。

14.6S 整理

（1）拆除车外三件套，关闭前机舱盖。

（2）规范拆除车内三件套。

（3）清点工具放回原位，进行场地6S管理。

思考与练习

1. 填空题

（1）电机控制器的作用是将________转为________。

（2）电机旋转变压器的阻值一般为________。

（3）驱动电机外观需要检查________、________和________。

2. 简答题

（1）简述驱动电机维护项目。

（2）简述电机控制器维护项目。

任务一工单　驱动电机及控制器的维护任务

1. 任务分组

班级		组号		指导老师	
组长		学号			
小组成员	姓名	学号	角色分工		
			监护人员		
			操作人员		
			记录人员		
			评分人员		

2. 任务准备

设备、工具、耗材准备：绝缘测试仪、绝缘垫、绝缘手套、绝缘鞋、安全帽、护目镜、举升机、车内（外）三件套、车轮挡块、警示牌、隔离带、一般手动工具(螺丝刀、扳手、格式套筒)、扭力扳手、万用表、维修手册、用户手册等。

3. 任务实施

驱动电机及控制器的维护				
车型：			行驶里程：	
VIN码：			电机型号：	
项目及序号		维护作业内容	数据或异常情况记录	维护措施
准备工作	1	检查耐磨手套	□正常　□破损	
	2	检查绝缘手套	□正常　□破损　□防护等级过低	
	3	铺设车内三件套	□是　□否	
	4	铺设车外三件套	□是　□否	
	5	断开蓄电池负极	□是　□否	
	6	断开维修开关或高压母线	□是　□否	

项目及序号		维护作业内容	数据或异常情况记录	维护措施
检查驱动电机外观	1	检查驱动电机表面	□正常 □磕碰 □划伤 □损坏	
	2	检查驱动电机冷却管路	□正常 □变形 □渗漏 □松动	
	3	目测电机底部	□正常 □磕碰 □划伤 □损坏	
检查驱动电机控制器外观	1	检查电机控制器表面	□正常 □磕碰 □划伤 □损坏	
	2	检查电机控制器冷却管路	□正常 □变形 □松动 □渗漏	
	3	目测电机控制器外观	□正常 □磕碰 □划伤 □损坏	
检查驱动电机螺栓紧固情况	1	检查驱动电机螺栓状态	□正常 □变形 □缺失 □松动	
	2	检查驱动电机安装螺栓拧紧力矩	□正常 □松动	
	3	检查电机与减速器总成安装螺栓	□正常 □松动	
检查驱动电机插接件	1	检查驱动电机高压线束	□正常 □破损 □松动	
	2	检查高压插接件状态	□正常 □破损 □松动 □退针	
	3	检查驱动电机低压线束	□正常 □破损 □松动	
	4	检查驱动电机低压插接件	□正常 □破损 □松动 □退针	
检查电机控制器插接件	1	检查电机控制器直流高压线束	□正常 □破损 □松动	
	2	检查电机控制器直流高压插接件	□正常 □破损 □松动 □退针	
	3	检查电机控制器交流高压线束	□正常 □破损 □松动	
	4	检查电机控制器交流高压插接件	□正常 □破损 □松动 □退针	
	5	检查电机控制器低压线束	□正常 □破损 □松动	
	6	检查电机控制器低压插接件	□正常 □破损 □松动 □退针	
检查电机控制器绝缘情况	1	检查电机控制器U相绝缘情况，阻值__________	□正常 □短路 □虚接	
	2	检查电机控制器V相绝缘情况，阻值__________	□正常 □短路 □虚接	
	3	检查电机控制器W相绝缘情况，阻值__________	□正常 □短路 □虚接	
	4	检查电机控制器直流正极绝缘情况，阻值__________	□正常 □短路 □虚接	
	5	检查电机控制器直流负极绝缘情况，阻值__________	□正常 □短路 □虚接	

项目及序号		维护作业内容	数据或异常情况记录	维护措施
检查驱动电机绝缘情况	1	检查驱动电机U相绝缘情况，阻值______	□正常 □短路 □虚接	
	2	检查驱动电机V相绝缘情况，阻值______	□正常 □短路 □虚接	
	3	检查驱动电机W相绝缘情况，阻值______	□正常 □短路 □虚接	
检测驱动电机定子绕组的阻值	1	检测驱动电机U相和V相，阻值______	□正常 □断路 □短路 □虚接	
	2	检测驱动电机U相和W相，阻值______	□正常 □断路 □短路 □虚接	
	3	检测驱动电机V相和W相，阻值______	□正常 □断路 □短路 □虚接	
检查驱动电机旋转变压器	1	检测电机旋变传感器A-B阻值	□正常 □断路 □短路 □虚接	
	2	检测电机旋变传感器C-D阻值	□正常 □断路 □短路 □虚接	
	3	检测电机旋变传感器E-F阻值	□正常 □断路 □短路 □虚接	
检查电机温度传感器	1	检查驱动电机温度传感器阻值	□正常 □过大 □过小	
检查高压互锁	1	检查驱动电机高压互锁阻值	□正常 □断路 □短路 □虚接	
车辆恢复	1	连接低压插接件	□已完成 □未完成	
	2	连接维修开关或高压母线	□已完成 □未完成	
	3	安装蓄电池负极	□已完成 □未完成	
	4	车辆上下电	□已完成 □未完成	
6S整理	1	场地6S管理	□已完成 □未完成	
总体状况描述				
总体建议				

4. 考核评价

项目及序号		维护作业内容	评价标准	得分
作业前准备（5分）	1	检查耐磨手套	检查耐磨手套有无破损，如破损，需更换	
	2	检查绝缘手套	检查绝缘手套有无破损，防护等级应大于1 000 V	
	3	安装车内三件套	车内三件套安装齐全且正确	
	4	安装车外三件套	车外三件套安装齐全且正确	
	5	断开蓄电池负极	正确断开蓄电池负极，并使用绝缘胶带包裹	
	6	断开维修开关或高压母线	正确佩戴绝缘手套，断开动力电池高压维修开关或高压母线	
检查驱动电机外观（5分）	1	检查驱动电机表面	目视检查外观有无变形、开裂、破损	
	2	检查驱动电机冷却管路	检查驱动电机的冷却管路有无裂纹和泄漏	
	3	目测电机底部	检查车身底部防护层是否有磕碰、损坏	
检查电机外观控制器（5分）	1	检查电机控制器表面	检查电机控制器表面是否有油液污渍	
	2	检查电机控制器冷却管路	检查电机控制器的冷却管路有无裂纹和泄漏	
	3	目测电机控制器外观	检查电机控制器外观是否有磕碰、变形和损坏	
检查驱动电机螺栓（5分）	1	检查驱动电机螺栓状态	正确判断驱动电机螺栓有无锈蚀、破损	
	2	检查驱动电机安装螺栓拧紧力矩	正确判断驱动电机安装螺栓紧固情况	
	3	检查驱动电机与减速器总成安装螺栓	正确判断驱动电机与减速器螺栓紧固情况	
检查驱动电机插接件（5分）	1	检查驱动电机高压线束	正确佩戴绝缘手套，检查高压线束有无破损、开裂	
	2	检查高压插接件状态	正确佩戴绝缘手套，检查高压插接件连接情况	
	3	检查驱动电机低压线束	正确佩戴绝缘手套，检查低压线束有无破损、开裂	
	4	检查驱动电机低压插接件	正确佩戴绝缘手套，检查低压插接件连接情况	
检查电机控制器插接件（10分）	1	检查电机控制器直流高压线束	正确佩戴绝缘手套，检查直流高压线束有无破损、开裂	
	2	检查电机控制器直流高压插接件	正确佩戴绝缘手套，检查直流高压插接件连接情况	

项目及序号		维护作业内容	评价标准	得分
检查电机控制器插接件（10分）	3	检查电机控制器交流高压线束	正确佩戴绝缘手套，检查交流高压线束有无破损、开裂	
	4	检查电机控制器交流高压插接件	正确佩戴绝缘手套，检查交流高压插接件连接情况	
	5	检查电机控制器低压线束	正确佩戴绝缘手套，检查低压线束有无破损、开裂	
	6	检查电机控制器低压插接件	正确佩戴绝缘手套，检查低压插接件连接情况	
检测电机控制器绝缘情况（15分）	1	检查电机控制器U相绝缘情况，阻值______	佩戴绝缘手套，正确使用绝缘电阻测试仪检测绝缘阻值	
	2	检查电机控制器V相绝缘情况，阻值______	佩戴绝缘手套，正确使用绝缘电阻测试仪检测绝缘阻值	
	3	检查电机控制器W相绝缘情况，阻值______	佩戴绝缘手套，正确使用绝缘电阻测试仪检测绝缘阻值	
	4	检查电机控制器直流正极绝缘情况，阻值______	佩戴绝缘手套，正确使用绝缘电阻测试仪检测绝缘阻值	
	5	检查电机控制器直流负极绝缘情况，阻值______	佩戴绝缘手套，正确使用绝缘电阻测试仪检测绝缘阻值	
检测驱动电机绝缘情况（10分）	1	检查驱动电机U相绝缘情况，阻值______	佩戴绝缘手套，正确使用绝缘电阻测试仪检测绝缘阻值	
	2	检查驱动电机V相绝缘情况，阻值______	佩戴绝缘手套，正确使用绝缘电阻测试仪检测绝缘阻值	
	3	检查驱动电机W相绝缘情况，阻值______	佩戴绝缘手套，正确使用绝缘电阻测试仪检测绝缘阻值	
检查驱动电机定子绕组（10分）	1	检测驱动电机U相和V相，阻值______	佩戴绝缘手套，正确检测相线阻值	
	2	检测驱动电机U相和W相，阻值______	佩戴绝缘手套，正确检测相线阻值	
	3	检测驱动电机V相和W相，阻值______	佩戴绝缘手套，正确检测相线阻值	
检查驱动电机旋转变压器（10分）	1	检测电机旋变传感器A-B阻值______	佩戴绝缘手套，正确检测旋变信号	
	2	检测电机旋变传感器C-D阻值______	佩戴绝缘手套，正确检测旋变信号	
	3	检测电机旋变传感器E-F阻值______	佩戴绝缘手套，正确检测旋变信号	

项目及序号		维护作业内容	评价标准	得分
检查驱动电机温度传感器（5分）	1	检查驱动电机温度传感器阻值_____	佩戴绝缘手套，正确检测温度传感器阻值	
检查驱动电机高压互锁（5分）	1	检查驱动电机高压互锁阻值_____	佩戴绝缘手套，正确检测高压互锁阻值	
车辆恢复（5分）	1	连接低压插接件	正确连接低压插接件	
	2	连接维修开关或高压母线	规范连接维修开关或高压母线	
	3	连接蓄电池负极	正确连接蓄电池负极	
	4	车辆上下电	正确操作上下电过程	
6S整理（5分）	1	拆除车外三件套	规范拆除车外三件套，关闭前机舱盖	
	2	拆除车内三件套	规范拆除车内三件套	
	3	整理工位	正确回收工具，清洁场地	

任务二　减速器总成的维护

任务介绍

一辆纯电动汽车在最近的使用过程中，底盘时常有润滑油流出，客户到4S店咨询，你作为技师应该如何检查呢?

任务分析

减速器作为机械传动装置，可靠性高，稳定性好。若车辆没有发生碰撞，则只需要检查减速器内润滑油液位及品质即可。

相关知识

1.减速器的功能

电动汽车动力总成主要由主减速器、差速器组成。电动汽车为了输出更大的转矩，采用了更大功率的电机，并通过减速器有效地改变整车的传动比，实现减速增扭的功能。差速器的主要功能是起到差速作用，实现左、右驱动轮均可正常滚动。

2.减速器的技术参数

表3-2　减速器的技术参数

技术指标	技术参数
转矩大小	160 N·m
驱动方式	电驱动
主减速比	2.88
减速器润滑油容量	1.8 L
润滑油规格	S3-ATF-MD3齿轮油

减速器的技术参数如表3-2所示，驱动电机与电机控制器采用直连的方式，省去了三相线束，共用冷却系统，成本降低了33%，体积减小了30%，重量也减轻了25%，功率密度增加20%，NEDC效率提升1%，扭矩密度增加17%。

实践操作

减速器总成的维护

1. 准备工作

（1）做好新能源汽车作业前准备工作，设置隔离带、警示牌，检查灭火器，安装车轮挡块，佩戴防护用品，检测绝缘性能，铺设车辆防护套装等，具体操作流程以项目一任务一流程为标准。

（2）正确使用举升机，将车辆举升到所需高度，并落锁。

2. 减速器的外观检查

目测检查减速器外部有无磕碰、变形，有无渗油、漏油等情况，如图3-8所示。

图3-8　检查减速器外观

图3-9　检查差速器半轴防尘套

3. 检查差速器半轴防尘套密封情况

检查差速器半轴防尘套密封情况，主要检查防尘套有无破损、漏油，防尘套紧固卡环有无松动，如图3-9所示。

4. 检查减速器螺栓紧固情况

（1）检查减速器与驱动电机的装配连接有无松动，螺栓是否锈蚀，紧固力矩是否足够。减速器与驱动电机端面通过螺栓连接，拧紧力矩为405 N·m。

（2）检查减速器与悬置支架的装配情况，螺栓是否锈蚀，紧固力矩是否足够。连接减速器需要3个左悬置点、3个后悬置点，左悬置点螺栓拧紧力矩为（75±5）N·m，后悬置点螺栓拧紧力矩为（75±5）N·m。

5. 减速器润滑油的检查

（1）检查减速器外壳是否有漏油痕迹，如发生漏油，分析漏油原因，修理漏油部位。

（2）拆下加油螺栓，检查螺栓有无破损、锈蚀。

（3）将手指塞入加油螺栓孔，检查油液与手指接触位置，判断润滑油液位。

（4）观察手指润滑油，润滑油颜色透亮，不应发黑；手指摩擦润滑油，油液黏度适中，不应存在细小金属颗粒；否则润滑油变质，需立即更换。

（5）将加油螺栓涂抹少量密封胶，并按规定力矩拧紧。

注意事项：润滑油与加油螺栓平齐，则油位正常；若液位过低，则需添加规定级别的润滑油，直到液位达到加油螺栓孔高度为止。

6.减速器油的更换

减速器油的更换

（1）检查减速器外壳是否漏油，如有漏油，应及时予以维修。

（2）将接油槽放置在减速器下方。

（3）拆卸放油螺栓，排放废油，检查放油螺栓有无破损、锈蚀，如图3-10所示。

（4）将放油螺栓涂抹少量密封胶，并按规定力矩（12～18 N·m）拧紧。

（5）拆下加油螺栓，检查加油螺栓有无破损、锈蚀，如图3-11所示。

（6）使用油液加注机通过加油孔添加规定型号、规定油量的润滑油。

（7）将加油螺栓涂抹少量密封胶，并按规定力矩拧紧。

图3-10　拆卸放油螺栓

图3-11　拆卸加油螺栓

7.车辆恢复

规范操作举升机，降下车辆。

8.6S整理

清点工具放回原位，进行场地6S管理。

思考与练习

（1）简述减速器润滑油检查项目。

（2）简述如何更换减速器润滑油。

任务二工单　减速器总成的维护任务

1. 任务分组

班级		组号		指导老师	
组长		学号			
小组成员	姓名	学号	角色分工		
			监护人员		
			操作人员		
			记录人员		
			评分人员		

2. 任务准备

设备、工具、耗材准备：绝缘测试仪、绝缘垫、绝缘手套、绝缘鞋、安全帽、护目镜、举升机、车内（外）三件套、车轮挡块、警示牌、隔离带、一般手动工具（螺丝刀、扳手、格式套筒）、扭力扳手、万用表、维修手册、用户手册、减速器油、油液加注机等。

3. 任务实施

减速器总成的维护				
车型：			行驶里程：	
VIN码：			电机型号：	
项目及序号		维护作业内容	数据或异常情况记录	维护措施
准备工作	1	检查耐磨手套	□正常　□破损	
	2	举升车辆	□是　□否	
减速器的外观检查	1	检查减速器外观	□正常　□磕碰　□划伤　□漏油	
检查差速器半轴防尘套	1	检查差速器半轴防尘套	□正常　□破损　□漏油　□松动	

项目及序号		维护作业内容	数据或异常情况记录	维护措施
检查减速器螺栓紧固情况	1	检查减速器与驱动电机的螺栓	□正常 □变形 □锈蚀 □松动	
	2	检查减速器与悬置支架的螺栓	□正常 □变形 □锈蚀 □松动	
减速器润滑油的检查	1	检查减速器外壳	□正常 □漏油 □划伤 □变形	
	2	拆下加油螺栓	□已完成 □未完成	
	3	检查加油螺栓及密封圈	□正常 □磨损 □滑丝 □锈蚀	
	4	检查润滑油液位	□正常 □过低 □过高	
	5	检查润滑油品质	□正常 □变质	
润滑油的更换	1	检查减速器外观	□正常 □磕碰 □划伤 □漏油	
	2	排放废油	□正常 □未排放	
	3	检查放油螺栓	□正常 □磨损 □滑丝 □锈蚀	
	4	安装放油螺栓	□正常 □力矩过大 □力矩过小	
	5	拆下加油螺栓	□正常 □磨损 □滑丝 □锈蚀	
	6	添加润滑油	□正常 □液位过低 □液位过高	
	7	安装加油螺栓	□正常 □力矩过大 □力矩过小	
车辆恢复	1	降下车辆	□已完成 □未完成	
6S整理	1	清点工具,场地6S管理	□已完成 □未完成	
总体状况描述				
总体建议				

4. 考核评价

项目及序号		维护作业内容	评价标准	得分
作业准备(10分)	1	检查耐磨手套	检查耐磨手套有无破损,如破损,需更换	
	2	举升车辆	用举升机正确举升车辆并落锁	
减速器的外观检查(5分)	1	检查减速器外观	准确判断减速器外部有无磕碰、变形,有无渗油、漏油情况	

项目及序号		维护作业内容	评价标准	得分
检查差速器半轴防尘套（5分）	1	检查差速器半轴防尘套	准确判断差速器半轴防尘套有无破损、漏油，防尘套紧固卡环有无松动	
检查减速器螺栓紧固情况（10分）	1	检查减速器与驱动电机的螺栓	准确判断螺栓有无锈蚀，力矩是否足够	
	2	检查减速器与悬置支架的螺栓	准确判断螺栓有无锈蚀，力矩是否足够	
减速器润滑油的检查（30分）	1	检查减速器外壳	正确判断减速器外壳是否漏油	
	2	拆下加油螺栓	正确拆下加油螺栓	
	3	检查加油螺栓及密封圈	正确检查加油螺栓及密封圈有无破损、锈蚀	
	4	检查润滑油液位	准确判断润滑油液位高低	
	5	检查润滑油品质	摩擦触摸润滑油，判断润滑油黏度和有无异物	
	6	安装加油螺栓	涂抹少量密封胶，按规定力矩安装	
减速器润滑油的更换（30分）	1	检查减速器外观	正确判断减速器外壳是否漏油	
	2	放置接油槽	接油槽位置放置准确	
	3	排放废油	正确拆卸放油螺栓，排放废油	
	4	检查放油螺栓及密封圈	正确检查放油螺栓及密封圈有无破损、锈蚀	
	5	安装放油螺栓	涂抹少量密封胶，按规定力矩安装	
	6	拆下加油螺栓	正确检查加油螺栓有无破损、锈蚀	
	7	添加润滑油	正确操作油液加注机，无撒漏	
	8	安装加油螺栓	涂抹少量密封胶，按规定力矩安装	
车辆恢复（5分）	1	车辆下降	用举升机正确下降车辆	
6S整理（5分）	1	整理工位	正确回收工具，清洁场地	

任务三　减速器总成的拆装

任务介绍

一辆纯电动汽车在最近的使用过程中，减速器漏油并且齿轮经常异响，客户到4S店咨询，你作为技师应该如何检查呢？

任务分析

电动汽车动力总成为机械元件，通过齿轮组传递动力，可靠性高，拆装过程中需注意油封、轴承等易损件的情况。

相关知识

电动汽车减速器总成如图3-12所示，由驱动电机总成、驱动电机控制器总成和减速器总成组成。

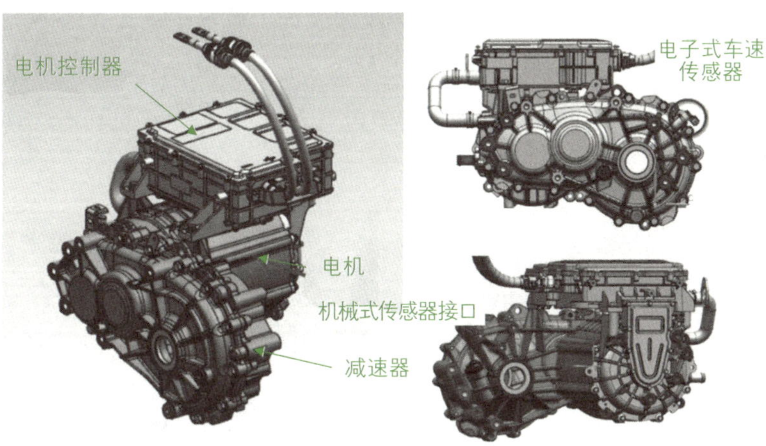

图3-12　动力总成

实践操作

减速器总成的拆装

1.作业准备

(1) 检查耐磨手套有无破损，如有破损，需进行更换。

(2) 将拆下的前驱电动总成安装在台架中，方便拆装。

2. 分离减速器与驱动电机

对角松开电机与减速器连接螺栓，放置在螺栓盒内，彻底分离电机与减速器。

3. 拆卸减速器后端盖

（1）取下减速器输出轴防尘盖，放置在齿轮组放置架上，如图3–13所示。

图3–13　拆卸防尘盖

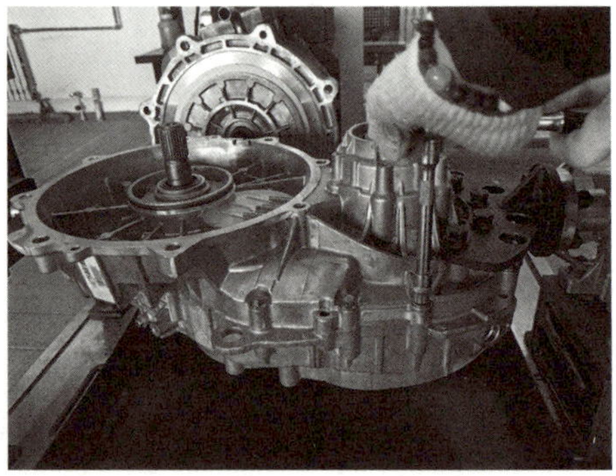

图3–14　拆卸后端盖固定螺栓

（2）将接油盘放置到减速器放油螺栓下方。

（3）拆下减速器放油螺栓，放置在螺栓盒内，等润滑油完全流出。

（4）摇动翻转架摇柄，旋转减速器，将减速器与电机接合面朝上。

（5）拆掉减速器与电机接合面3颗后端盖固定螺栓，如图3–14所示。

（6）拆掉减速器前端盖侧边9颗后端盖固定螺栓，放置在螺丝盒内。

（7）摇动翻转架摇柄，使减速器后端盖朝上，拆掉5颗后端盖固定螺栓。

（8）使用橡皮锤轻敲后端盖至接合面分开，取下减速器后端盖，放置在后端盖支撑架上，如图3–15所示。

图3–15　拆卸后端盖

图3–16　取出差速器轴

4. 拆卸差速器轴总成并检查齿轮、轴承

（1）摇动翻转架摇柄，使齿轮组向上倾斜45°，拆掉前端盖侧边6颗差速器轴固定螺栓。

（2）摇动翻转架摇柄，放平减速器，此时齿轮组朝上，使用千斤顶从下方缓缓向上顶动差速器轴，直至差速器轴齿轮与中间轴齿轮脱离，如图3-16所示。

（3）取出差速器轴总成，放置在齿轮组放置架上。

（4）目视检查差速器齿轮有无损伤，转动差速器轴轴承，检查有无异响。

5.拆卸中间轴总成并检查齿轮、轴承

（1）拆卸中间轴齿轮下方3颗固定螺栓，放置在螺栓盒内。

（2）取出中间轴总成放置在齿轮组放置架上，如图3-17、3-18所示。

（3）目视检查中间轴齿轮有无损伤。

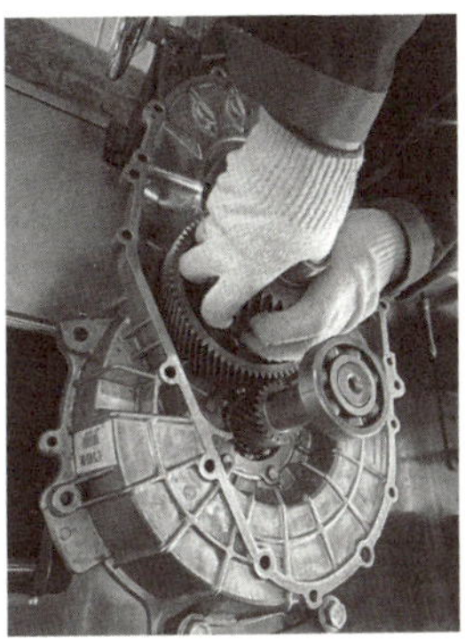

图3-17　取出中间轴

图3-18　放置中间轴

6.拆卸主轴总成并检查齿轮、轴承

（1）拆卸3颗或6颗固定螺栓，放置在螺栓盒内。

（2）取出主轴总成放置在齿轮组放置架上，如图3-19、3-20所示。

（3）目视检查主轴齿轮有无损伤，转动主轴总成轴承，检查有无异响。

图3-19　取出主轴

图3-20　放置主轴

7.拆卸中间轴后轴承并检查

（1）使用卡簧钳取出中间轴后轴承固定卡簧，放置在齿轮组放置架上，如图3-21所示。

（2）使用专用冲击锤拉拔器拉出中间轴后轴承（冲击锤拉拔器有两个脚，需要对准轴承安装面缺口），放置在齿轮组放置架上，如图3-22所示。

（3）转动中间轴后轴承，检查有无异响。

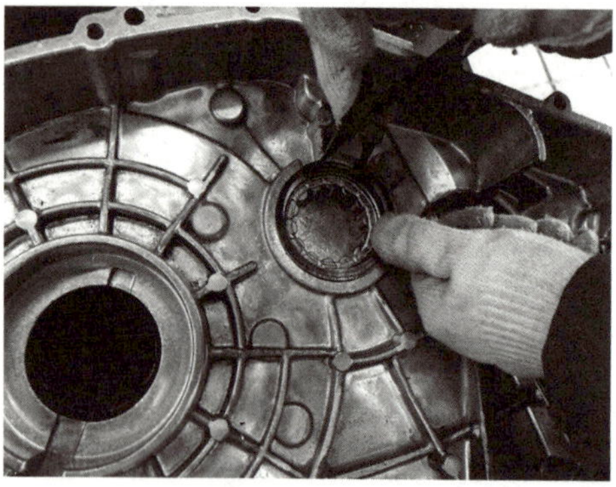

图3-21　拆卸卡簧

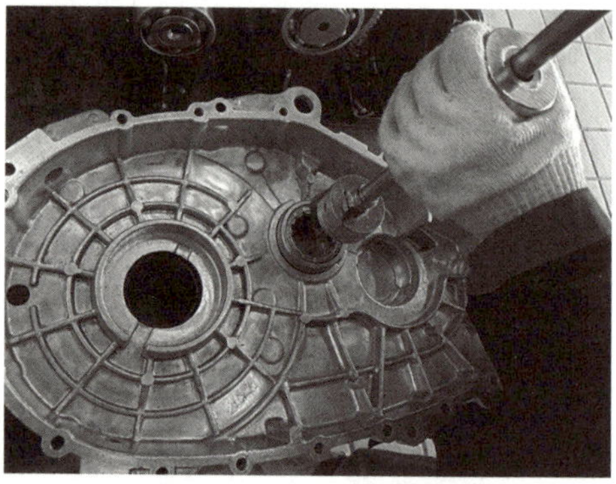

图3-22　拆卸中间轴后轴承

8.清洁减速器端盖

（1）利用铲刀去除减速器接合面密封胶，如图3-23所示。

（2）使用除油布擦去减速器前端盖内的油污。

（3）取出前端盖内的磁铁，擦除铁屑后放回。

（4）使用除油布擦去后端盖内的油污。

9.清洁中间轴后轴承并装回

（1）使用除油布清洁中间轴后轴承。

（2）使用橡皮锤、轴承固定工具将中间轴后轴承装回轴承安装槽内，如图3-24所示。

（3）使用卡簧钳装回中间轴后轴承卡簧。

图3-23　去除减速器接合面密封胶

图3-24　安装中间轴后轴承

10. 更换油封

（1）使用一字螺丝刀、橡皮锤拆除前端盖主轴油封。

（2）取下主轴油封收束弹簧，将油封收束弹簧安装在新油封上。

（3）使用橡皮锤、油封固定工具安装前端盖主轴新油封。

（4）更换减速器输出轴的两个油封。

11. 清洁主轴总成并装回

（1）使用除油布清洁主轴总成。

（2）将主轴总成放置在前端盖内。

（3）拧紧主轴总成固定螺栓，拧紧扭矩为12 N·m。

12. 清洁中间轴总成并装回

（1）使用除油布清洁中间轴总成。

（2）将中间轴总成放置到减速器前端盖内。

（3）拧紧中间轴总成固定螺栓，拧紧扭矩为12 N·m。

13. 更换油封（前后两个），清洁差速器轴总成并装回

（1）将差速器轴总成放置在前端盖内。

（2）使用大号一字螺丝刀调整差速器轴固定盘，直至固定盘螺杆从底部滑出。

（3）摇动翻转架摇柄，使齿轮组45°倾斜向上。

（4）安装差速器轴总成固定螺栓，拧紧扭矩为12 N·m。

（5）摇动翻转架摇柄，使齿轮组向上，放平减速器。

14. 装回减速器后端盖

（1）将减速器后端盖与前端盖合拢。

（2）预拧紧5颗后端盖固定螺栓。

（3）摇动翻转架手柄，使减速器前端盖朝上。

（4）预拧紧前端盖侧边9颗后端盖固定螺栓。

（5）预拧紧减速器与电机接合面3颗后端盖固定螺栓。

（6）使用小号预置式扭力扳手为减速器后端盖固定螺栓加力至25 N·m。

（7）预拧紧减速器放油螺栓。

（8）使用大号预置式扭力扳手为放油螺栓加力至45 N·m。

15. 组合减速器与驱动电机

（1）摇动翻转架摇柄，使减速器主轴正对电机输出轴。

（2）摇动测量摇柄，推动电机与减速器接合。

（3）预拧紧减速器与电机的8颗连接螺栓。

（4）使用大号预置式扭力扳手为电机与减速器连接螺栓加力至85 N·m。

16.6S 整理

清点工具放回原位，进行场地6S管理。

思考与练习

（1）简述减速器拆装项目。

（2）简述如何对减速器进行拆装。

任务三工单　减速器总成的拆装任务

1. 任务分组

班级		组号		指导老师	
组长		学号			
小组成员	姓名	学号	角色分工		
			监护人员		
			操作人员		
			记录人员		
			评分人员		

2. 任务准备

设备、工具、耗材准备：绝缘测试仪、绝缘垫、绝缘手套、绝缘鞋、安全帽、护目镜、举升机、车内（外）三件套、车轮挡块、警示牌、隔离带、一般手动工具（螺丝刀、扳手、格式套筒）、扭力扳手、万用表、维修手册、用户手册等。

3. 任务实施

减速器总成的拆装				
车型：			行驶里程：	
VIN码：			电机型号：	
项目及序号		维护作业内容	数据或异常情况记录	维护措施
准备工作	1	检查耐磨手套	□正常 □破损	
	2	安装前驱电动总成于台架	□是 □否	
分离减速器与驱动电机	1	拆卸减速器与驱动电机螺栓	□是 □否	
拆卸减速器后端盖	1	取下减速器输出轴防尘盖	□是 □否	
	2	排放减速器润滑油	□正常 □未排放	
	3	拆卸减速器与电机接合面后端盖固定螺栓	□正常 □磨损 □滑丝 □锈蚀	

项目及序号		维护作业内容	数据或异常情况记录	维护措施
拆卸减速器后端盖	4	拆卸减速器前端盖、后端盖固定螺栓	□正常 □磨损 □滑丝 □锈蚀	
	5	拆卸后端盖固定螺栓	□正常 □磨损 □滑丝 □锈蚀	
	6	取下减速器后端盖	□正常 □破损	
拆卸差速器轴总成并检查齿轮、轴承	1	拆卸前端盖侧边差速器轴固定螺栓	□正常 □磨损 □滑丝 □锈蚀	
	2	使差速器轴齿轮与中间轴齿轮脱离	□正常 □卡滞	
	3	取出差速器轴总成	□正常 □卡滞	
	4	检查差速器齿轮	□正常 □磨损 □锈蚀 □损坏	
	5	检查差速器轴轴承	□正常 □卡滞 □锈蚀 □有异响	
拆卸中间轴总成并检查齿轮、轴承	1	拆卸中间轴齿轮固定螺栓	□正常 □磨损 □滑丝 □锈蚀	
	2	取出中间轴总成	□正常 □卡滞	
	3	检查中间轴齿轮	□正常 □磨损 □锈蚀 □损坏	
拆卸主轴总成并检查齿轮、轴承	1	拆卸主轴固定螺栓	□正常 □磨损 □滑丝 □锈蚀	
	2	取出主轴总成	□正常 □卡滞	
	3	检查主轴齿轮	□正常 □磨损 □锈蚀 □损坏	
	4	检查主轴总成轴承	□正常 □卡滞 □锈蚀 □有异响	
拆卸中间轴后轴承并检查	1	取出中间轴后轴承固定卡簧	□正常 □磨损 □锈蚀 □损坏	
	2	取出中间轴后轴承	□正常 □卡滞	
	3	检查中间轴后轴承	□正常 □卡滞 □锈蚀 □有异响	
清洁减速器端盖	1	去除减速器接合面密封胶	□正常 □端面损坏	
	2	清洁减速器前端盖内侧	□正常 □油污 □有异物 □破损	
	3	清洁前端盖内的磁铁	□正常 □油污 □有异物 □破损	
	4	清洁后端盖内侧	□正常 □油污 □有异物 □破损	
清洁中间轴后轴承并装回	1	清洁中间轴后轴承	□正常 □油污 □有异物 □破损	
	2	安装中间轴后轴承	□正常 □卡滞	
	3	安装中间轴后轴承卡簧	□正常 □卡滞	
更换油封	1	拆除前端盖主轴油封	□正常 □油污 □有异物 □破损	
	2	安装油封收束弹簧至新油封	□正常 □油污 □有异物 □破损	

项目及序号		维护作业内容	数据或异常情况记录	维护措施
更换油封	3	安装前端盖主轴新油封	□正常 □油污 □有异物 □破损	
	4	更换减速器输出轴油封	□正常 □油污 □有异物 □破损	
清洁主轴总成并装回	1	清洁主轴总成	□正常 □油污 □有异物 □破损	
	2	安装主轴总成	□正常 □卡滞	
	3	拧紧主轴总成固定螺栓	□正常 □力矩过大 □力矩过小	
清洁中间轴总成并装回	1	清洁中间轴总成	□正常 □油污 □有异物 □破损	
	2	安装中间轴总成	□正常 □卡滞	
	3	拧紧中间轴总成固定螺栓	□正常 □力矩过大 □力矩过小	
更换油封，清洁差速器总成并装回	1	安装差速器轴总成	□正常 □卡滞	
	2	安装固定盘螺杆	□正常 □卡滞	
	3	安装差速器轴总成固定螺栓	□正常 □力矩过大 □力矩过小	
装回减速器后端盖	1	安装减速器后端盖	□正常 □卡滞	
	2	预拧紧后端盖固定螺栓	□正常 □力矩过大 □力矩过小	
	3	预拧紧前端盖侧边后端盖固定螺栓	□正常 □力矩过大 □力矩过小	
	4	预拧紧减速器与电机接合面后端盖固定螺栓	□正常 □力矩过大 □力矩过小	
	5	使用扭力扳手拧紧减速器后端盖固定螺栓	□正常 □力矩过大 □力矩过小	
	6	预拧紧减速器放油螺栓	□正常 □力矩过大 □力矩过小	
	7	使用扭力扳手拧紧放油螺栓	□正常 □力矩过大 □力矩过小	
组合减速器与驱动电机	1	摇动翻转架摇柄，使减速器主轴正对电机输出轴	□正常 □卡滞	
	2	接合电机与减速器	□正常 □卡滞	
	3	预拧紧减速器与电机连接螺栓	□正常 □力矩过大 □力矩过小	
	4	使用扭力扳手拧紧减速器与电机连接螺栓	□正常 □力矩过大 □力矩过小	
6S整理	1	清点工具，场地6S管理	□已完成 □未完成	
总体状况描述				
总体建议				

4. 考核评价

项目及序号		维护作业内容	评价标准	得分
作业前准备（5分）	1	检查耐磨手套	检查耐磨手套有无破损，如破损，需更换	
	2	安装前驱电动总成于台架	将动力总成合理安装于拆装台架	
分离减速器与驱动电机（5分）	1	拆卸减速器与驱动电机螺栓	对角拆卸螺栓，放置在螺栓盒内	
拆卸减速器后端盖（10分）	1	取下减速器输出轴防尘盖	正确取下防尘盖，放置在齿轮组放置架上	
	2	排放减速器润滑油	润滑油全部流到接油盘中，无撒漏	
	3	拆卸减速器与电机接合面后端盖固定螺栓	对角拆卸螺栓，放置在螺栓盒内	
	4	拆卸减速器前端盖、后端盖固定螺栓	对角拆卸螺栓，放置在螺栓盒内	
	5	拆卸后端盖固定螺栓	对角拆卸螺栓，放置在螺栓盒内	
	6	取下减速器后端盖	使用橡皮锤轻敲后端盖至接合面分开，使用一字螺丝刀时需垫布操作	
拆卸差速器轴总成并检查齿轮、轴承（10分）	1	拆卸前端盖侧边差速器轴固定螺栓	对角拆卸螺栓，放置在螺栓盒内	
	2	使差速器轴齿轮与中间轴齿轮脱离	使用千斤顶顶出差速器轴，使用千斤顶需要垫布	
	3	取出差速器轴总成	正确取出差速器轴总成并放置在齿轮组放置架上	
	4	检查差速器齿轮	检查齿轮表面有无破损、锈蚀	
	5	检查差速器轴轴承	转动差速器轴轴承，检查有无卡滞、异响	
拆卸中间轴总成并检查齿轮、轴承（5分）	1	拆卸中间轴齿轮固定螺栓	对角拆卸螺栓，放置在螺栓盒内	
	2	取出中间轴总成	正确取出中间轴总成并放置在齿轮组放置架上	
	3	检查中间轴齿轮	检查齿轮表面有无破损、锈蚀	
拆卸主轴总成并检查齿轮、轴承（8分）	1	拆卸主轴固定螺栓	对角拆卸螺栓，放置在螺栓盒内	
	2	取出主轴总成	正确取出主轴总成并放置在齿轮组放置架上	
	3	检查主轴齿轮	检查齿轮表面有无破损、锈蚀	
	4	检查主轴总成轴承	转动主轴轴承，检查有无卡滞、异响	

项目及序号		维护作业内容	评价标准	得分
拆卸中间轴后轴承并检查（7分）	1	取出中间轴后轴承固定卡簧	佩戴护目镜，使用卡簧钳取出，取出后放置在齿轮组放置架上	
	2	取出中间轴后轴承	使用专用冲击锤拉拔器拉出中间轴后轴承，放置在齿轮组放置架上	
	3	检查中间轴后轴承	转动中间轴后轴承，检查有无卡滞、异响	
清洁减速器端盖（5分）	1	去除减速器接合面密封胶	用铲刀铲去接合面密封胶	
	2	清洁减速器前端盖内侧	使用除油布擦去减速器前端盖内的油污，涂抹新润滑油	
	3	清洁前端盖内的磁铁	使用除油布擦去前端盖内磁铁表面的油污、铁屑	
	4	清洁后端盖内侧	使用除油布擦去后端盖内的油污，涂抹新润滑油	
清洁中间轴后轴承并装回（5分）	1	清洁中间轴后轴承	使用除油布清洁中间轴后轴承	
	2	安装中间轴后轴承	使用橡皮锤、轴承固定工具将中间轴后轴承装回轴承安装槽内	
	3	安装中间轴后轴承卡簧	使用卡簧钳安装卡簧	
更换油封（5分）	1	拆除前端盖主轴油封	使用一字螺丝刀，垫布后拆卸油封	
	2	安装油封收束弹簧至新油封	正确安装收束弹簧	
	3	安装前端盖主轴新油封	使用橡皮锤、油封固定工具安装前端盖主轴新油封	
	4	更换减速器输出轴油封	需更换减速器输出轴的两个油封	
清洁主轴总成并装回（5分）	1	清洁主轴总成	使用除油布清洁主轴总成油污，涂抹新润滑油	
	2	安装主轴总成	正确安装主轴于前端盖内	
	3	拧紧主轴总成固定螺栓	对角正确拧紧螺栓	
清洁中间轴总成并装回（5分）	1	清洁中间轴总成	使用除油布清洁中间轴总成油污，涂抹新润滑油	
	2	安装中间轴总成	正确安装中间轴于前端盖内	
	3	拧紧中间轴总成固定螺栓	对角正确拧紧螺栓	
更换油封，清洁差速器总成并装回（5分）	1	安装差速器轴总成	正确安装差速器轴总成于前端盖内	
	2	安装固定盘螺杆	正确安装固定盘螺杆	
	3	安装差速器轴总成固定螺栓	对角正确拧紧螺栓	

项目及序号		维护作业内容	评价标准	得分
装回减速器后端盖（10分）	1	安装减速器后端盖	对角正确拧紧螺栓	
	2	预拧紧后端盖固定螺栓	对角正确拧上螺栓	
	3	预拧紧前端盖侧边后端盖固定螺栓	对角正确拧上螺栓	
	4	预拧紧减速器与电机接合面后端盖固定螺栓	对角正确拧上螺栓	
	5	使用扭力扳手拧紧减速器后端盖固定螺栓	对角拧紧螺栓，满足力矩要求	
	6	预拧紧减速器放油螺栓	对角正确拧上螺栓	
	7	使用扭力扳手拧紧放油螺栓	对角拧紧螺栓，满足力矩要求	
组合减速器与驱动电机（5分）	1	接合电机与减速器	减速器主轴正对电机输出轴	
	2	预拧紧减速器与电机连接螺栓	对角正确拧上螺栓	
	3	使用扭力扳手拧紧减速器与电机连接螺栓	对角拧紧螺栓，满足力矩要求	
6S整理（5分）	1	整理工位	正确回收工具，清洁场地	

任务四　冷却系统的维护

任务介绍

王先生的电动汽车经过长时间行驶后仪表亮起“驱动电机过热”警告灯符号，车辆动力减弱，进入坡行模式，当停车休息一段时间后再启动车辆，警告灯熄灭，车辆正常行驶。那么作为维修人员，你应该如何检查呢?

任务分析

电动汽车冷却系统主要对电机和动力电池进行冷却，冷却系统维护一般需要检查冷却液的液位高低和是否发生变质，检查管路是否正常等。

相关知识

电动汽车冷却系统主要由电动水泵、散热器、电子风扇、膨胀水箱和冷却液等组成，如图3-25所示。

（1）电动水泵。冷却液循环的动力元件，它的作用是对冷却液加压，促使冷却液在冷却系统中循环，带走系统散发的热量。电动汽车水泵一般由电机驱动。

（2）电子风扇。置于散热器的后面，其作用是当风扇旋转时吸进空气使其通过散热器，提高流经散热器、冷凝器的空气流速和流量，以增强散热器的散热能力，加速冷却液的冷却，并冷却机舱其他附件，使电机控制器及驱动电机始终能在最适宜的温度下正常工作。

（3）膨胀水箱。膨胀水箱的作用是为冷却系统中冷却液的排气、膨胀和收缩提供受压容积，补充冷却液和缓冲“热胀冷缩”的变化，同时也作为冷却液的加注口。膨胀水箱的位置要高于冷却系统的所有部件，目的是当冷却系统中冷却液受热膨胀使散热盖的蒸汽阀打开时，部分冷却液可随着高压蒸汽通过溢水管回到水箱中。

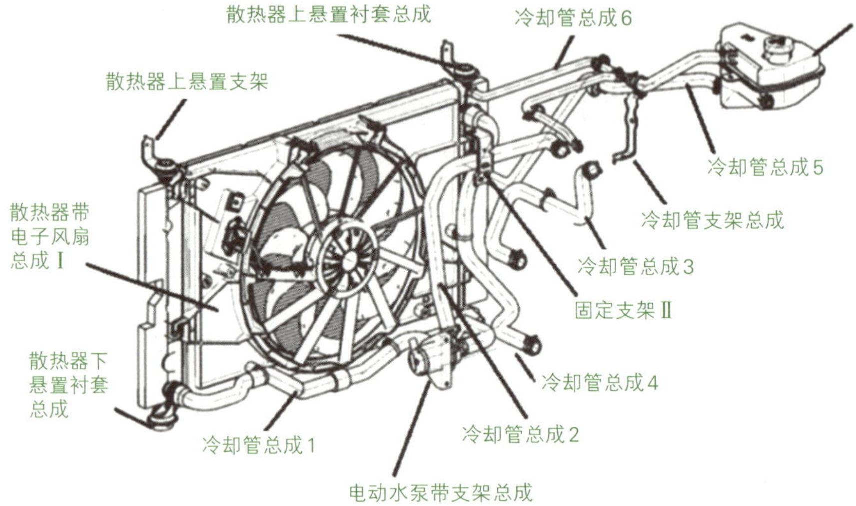

图3-25　冷却系统

实践操作

冷却系统的维护

1.准备工作

做好作业前准备工作，设置隔离带、警示牌，检查灭火器，安装车轮挡块，佩戴防护用品，检测绝缘性能，铺设车辆防护套装等，具体操作流程以项目一任务一流程为标准。

2.冷却液液位检查

冷却液液位检查时需保证电机处于冷态，目视检查副水箱液位，冷却液高度应保持在“MAX”和“MIN”刻度线之间，如图3-26所示。

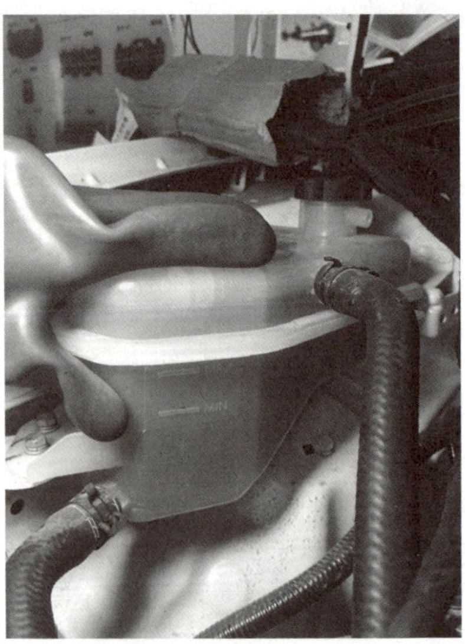

图3-26　检查副水箱液位

3.冷却液冰点的检查

（1）检测冷却液的冰点时，取少许冷却液样品涂于冰点测试仪比重计观测口。

（2）用眼睛直接观察冰点测试仪，在观测口中将显示冷却液冰点。

注意事项：观测口中有明显的蓝白分界线，上部为蓝色，下部为白色，分界线对应的刻度就是测量的结果。

4.检查冷却系统是否渗漏

目视检查冷却系统管路及各零部件接口处有无泄漏情况。冷却液按规定需要配成醒目的颜色，确保泄漏时能目视发现，如图3–27所示。

图3–27　检查冷却系统

5.检查冷却系统线束

检查水泵、风扇电机等线束是否发生老化、破皮、线束铜芯外露等现象。

6.检查和清洁散热器

（1）目视检查散热器翅片是否有变形。

（2）在电机冷却后，使用压缩空气在散热器后部冲走散热器或冷凝器的碎屑，完成清洁。严禁使用水枪对散热器散热片喷水清洗。

7.检查部件温度

启动车辆，使用红外线测温仪检查散热器、驱动电机、电机控制器等温度是否正常。

8.检查电动水泵

启动车辆，检查水泵有无泄漏，是否存在异响。

9.冷却液的更换

（1）用手触摸副水箱箱体，确认副水箱内部冷却液已冷却。

（2）沿逆时针方向慢慢转动副水箱盖，释放冷却系统中的残余压力。

（3）取下副水箱盖。

（4）拆掉散热器出水管路（冷却管总成1），排尽冷却液，如图3-28所示。排出的冷却液应储存于合适的容器内。

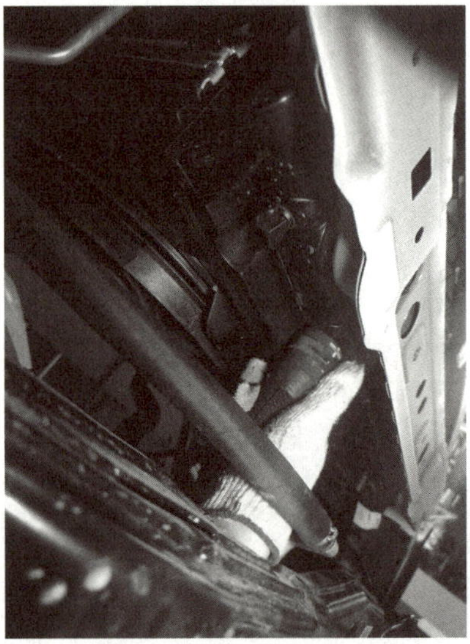

图3-28　拆卸冷却管路

（5）待冷却液排净后，装配好散热器出水管。

（6）将同型号冷却液倒入副水箱，直至达副水箱MAX线，液位不再下降为止。

（7）上电让水泵运转约五分钟，运转过程中如副水箱液位下降，同步向副水箱加注冷却液，直至加注至MAX线不再降低为止，断电停车。

（8）重复上电、断电操作至少三个循环，每个循环水泵上电运转5 min，同步观察副水箱内冷却液液位，并补加冷却液至MAX线不再下降为止。冷却系统的容量约为4.25 L。

（9）盖上副水箱盖并旋至最终停止位，彻底拧紧。

10.6S **整理**

（1）拆除车外三件套，关闭前机舱盖。

（2）规范拆除车内三件套。

（3）清点工具放回原位，进行场地6S管理。

思考与练习

（1）简述冷却液维护的项目。

（2）简述冷却液更换的步骤。

任务四工单　冷却系统的维护任务

1. 任务分组

班级		组号		指导老师	
组长		学号			
小组成员	姓名	学号	角色分工		
			监护人员		
			操作人员		
			记录人员		
			评分人员		

2. 任务准备

设备、工具、耗材准备：绝缘测试仪、绝缘垫、绝缘手套、绝缘鞋、安全帽、护目镜、举升机、车内（外）三件套、车轮挡块、警示牌、隔离带、一般手动工具（螺丝刀、扳手、格式套筒）、扭力扳手、万用表、维修手册、用户手册等。

3. 任务实施

冷却系统的维护				
车型：			行驶里程：	
VIN码：			电机型号：	
项目及序号		维护作业内容	数据或异常情况记录	维护措施
准备工作	1	检查耐磨手套	□正常 □破损	
	2	铺设车内三件套	□是 □否	
	3	铺设车外三件套	□是 □否	
冷却液液位检查	1	检查冷却液液位	□正常 □液位过高 □液位过低	

项目及序号		维护作业内容	数据或异常情况记录	维护措施
冷却液冰点的检查	1	取少许冷却液到冰点测试仪	□正常 □过多 □过少	
	2	观察冷却液冰点值______	□正常 □冰点过高 □冰点过低	
检查冷却系统管路	1	检查冷却系统管路	□正常 □磨损 □开裂 □渗漏	
检查冷却系统线束	1	检查水泵、风扇电机等线束	□正常 □磨损 □变形 □铜芯外露	
检查和清洁散热器	1	检查散热器翘片	□正常 □磨损 □变形 □锈蚀	
	2	清洁散热器	□是 □否	
检查部件温度	1	检查散热器等温度	□正常 □温度过高 □温度过低	
检查电动水泵	1	启动车辆	□是 □否	
	2	检查水泵工作状态	□正常 □泄漏 □有异响	
冷却液的更换	1	确认冷却液温度	□正常 □温度过高 □温度过低	
	2	打开副水箱盖	□是 □否	
	3	拆卸散热器出水管，排放冷却液	□是 □否	
	4	装配散热器出水管	□是 □否	
	5	添加冷却液	□MAX □MIN □MIN～MAX	
	6	启动车辆	□是 □否	
	7	再次添加冷却液	□MAX □MIN □MIN～MAX	
	8	盖上副水箱盖	□是 □否	
6S整理	1	拆除车外三件套，关闭前机舱盖	□已完成 □未完成	
	2	拆除车内三件套	□已完成 □未完成	
	3	清点工具，场地6S管理	□已完成 □未完成	
总体状况描述				
总体建议				

4. 考核评价

项目及序号		维护作业内容	评价标准	得分
作业前准备（5分）	1	检查耐磨手套	检查耐磨手套有无破损，如破损，需更换	
	2	安装车内三件套	车内三件套安装齐全且正确	
	3	安装车外三件套	车外三件套安装齐全且正确	
冷却液液位检查（5分）	1	检查冷却液液位	正确检查冷却液液位	
冷却液冰点的检查（10分）	1	取少许冷却液到冰点测试仪	正确使用冰点测试仪	
	2	观察冷却液冰点值______	正确读取冰点测试仪数值	
检查冷却系统管路（5分）	1	检查冷却系统管路	正确检查冷却系统管路有无渗漏、磨损	
检查冷却系统线束（5分）	1	检查水泵、风扇电机等线束	正确检查线束是否老化、破损等	
检查和清洁散热器（10分）	1	检查散热器翘片	正确检查散热器翘片是否有变形	
	2	清洁散热器	正确使用吹尘枪清洁散热器	
检查部件温度（5分）	1	检查散热器等温度	正确使用红外线测温仪检查设备温度	
检查电动水泵（10分）	1	启动车辆	正确操作车辆启动	
	2	检查水泵工作状态	正确检查水泵有无泄漏，是否存在异响	
冷却液的更换（40分）	1	确认冷却液温度	用手触摸副水箱箱体，准确判断冷却液温度	
	2	打开副水箱盖	正确取下副水箱盖	
	3	拆卸散热器出水管，排放冷却液	正确拆卸卡箍后拆卸出水管，冷却液排放无撒漏	
	4	装配散热器出水管	正确安装出水管	
	5	添加冷却液	从副水箱添加冷却液至MAX刻度	

项目及序号		维护作业内容	评价标准	得分
冷却液的更换（40分）	6	启动车辆	正确操作车辆启动	
	7	再次添加冷却液	从副水箱添加冷却液至MAX刻度	
	8	盖上副水箱盖	盖上副水箱盖旋至最终位置后拧紧	
6S整理（5分）	1	拆除车外三件套,关闭前机舱盖	规范拆除车外三件套,关闭前机舱盖	
	2	拆除车内三件套	规范拆除车内三件套	
	3	清点工具,场地6S管理	正确回收工具,清洁场地	

项目四

电器系统的维护

思政讲堂

郑志明从事钳工工作二十余年，始终奋战在生产一线，将钳工技能练得炉火纯青，将手工锉削的精度控制在“航天级”的0.002 mm，还带领团队改进和研发生产设备，其中集成机器人自动焊接，液压自动整型、检测和矫正等多工艺复合型自动机器人后桥壳焊接生产线，更是填补了中国的技术空白。郑志明及其团队完成创新项目1100项，交付自动化工艺装备2190台(套)，并解决了中国汽车工业的多个生产难题，2022年郑志明被评为大国工匠年度人物。

实训目标

（1）熟悉空调系统性能的相关参数。

（2）掌握空调维护中常用的设备和工具的操作方法。

（3）掌握空调系统维护的标准流程。

（4）熟悉喷水嘴的调整方法。

（5）掌握雨刮胶条的维护和保养方法。

（6）掌握天窗漏水的维护流程。

任务一　空调系统的维护

任务介绍

小张在某新能源汽车4S店担任维修技术人员，今天有一位客户进店咨询他的新能源汽车空调制冷不足问题，天气热时打开空调无法感受到冷气。现在需要小张来完成这项任务，小张需要明确汽车空调维护的安全注意事项，并按照标准流程，使用相应的设备和工具完成此次空调维护保养工作。

任务分析

由于新能源汽车空调系统与内燃机汽车空调系统有一定的区别，因此在维护作业前，首先需要了解新能源汽车空调系统的相关原理知识，其次按照标准流程检测空调系统性能，利用设备测量数据判断空调系统是否正常，以便对空调系统做进一步维护。

相关知识

新能源汽车的暖风与空调制冷系统均靠电力驱动并制温。空调系统在不同环境温度下的高、低压维修压力及中央出风口温度不同，具体性能测试参数如表4-1所示。

表4-1　空调系统性能参数表

环境温度	相对湿度	低压侧维修口压力	高压侧维修口压力	中央出风口最高温度
13～18 °C	0%～100%	151～199 kPa	1012～1088 kPa	10 °C
19～24 °C	低于40%	172～234 kPa	1240～1378 kPa	12 °C
	高于40%	172～248 kPa	1136～1302 kPa	13 °C
25～29 °C	低于35%	192～254 kPa	1350～1522 kPa	13 °C
	35%～50%	192～261 kPa	1309～1508 kPa	13 °C
	高于50%	199～275 kPa	1281～1481 kPa	14 °C

续表4-1

环境温度	相对湿度	低压侧维修口压力	高压侧维修口压力	中央出风口最高温度
30～35 °C	低于30%	206～275 kPa	1460～1667 kPa	14 °C
	30%～50%	213～289 kPa	1440～1681 kPa	15 °C
	高于50%	220～310 kPa	1433～1688 kPa	17 °C

实践操作

1.空调（A/C）系统性能测试

（1）将车辆停放在室内或庇荫无风处。

（2）铺设车内三件套。

（3）施加驻车制动。

（4）挡位置于P（驻车挡）或N（空挡），如图4-1所示。

图4-1　换挡面板

（5）打开车窗使车内通风。

（6）将点火开关置于OFF（关闭）位置。

（7）打开前机舱盖并支撑牢固，如图4-2所示。

（8）将冷媒表组挂钩挂在前机舱盖锁扣位置，如图4-3所示。

图4–2　打开前机舱盖

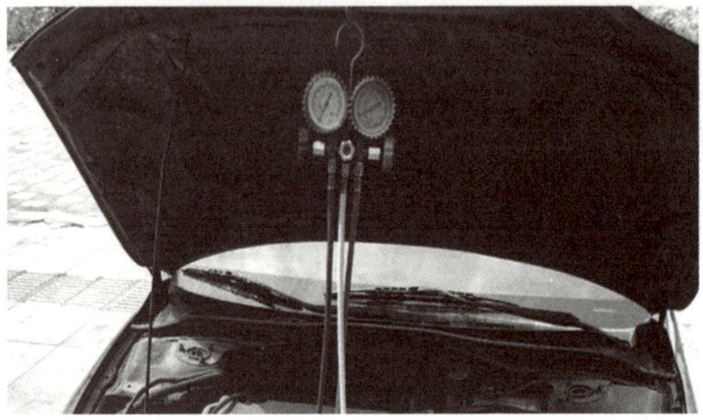

图4–3　冷媒表组悬挂位置

(9) 关闭冷媒表高、低压侧手动阀，连接红色管至冷媒表高压侧接口，蓝色管至冷媒表低压侧接口，黄色管至T形端口，如图4–4所示。

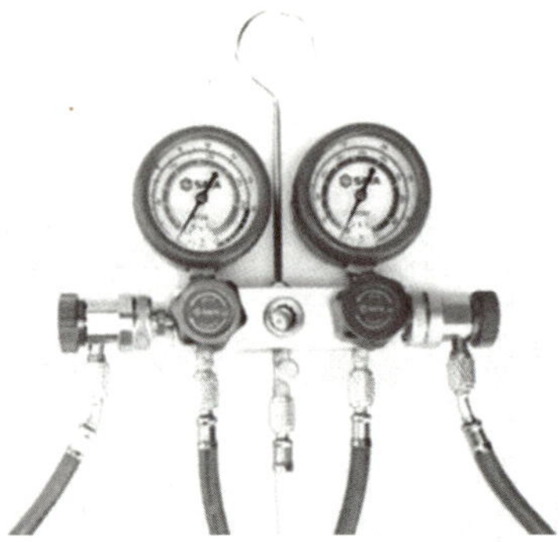

图4–4　管线连接

(10) 连接冷媒表红色高压管至汽车空调高压侧检修口H处（细管），如图4–5所示。

(11) 连接冷媒表蓝色低压管至汽车空调低压侧检修口L处（粗管），如图4–5所示。

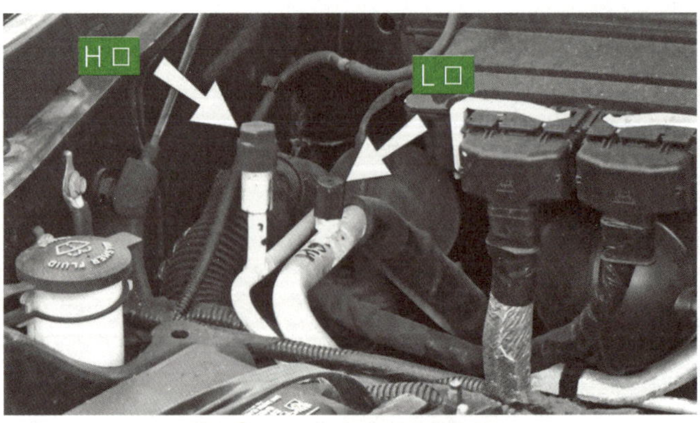

图4–5　高、低压检修口

（12）记录环境空气温度和湿度。

（13）关闭车门和车窗。

（14）将驾驶位车门车窗打开12～15 cm。

（15）车辆上电。

（16）打开A/C，如图4-6所示。

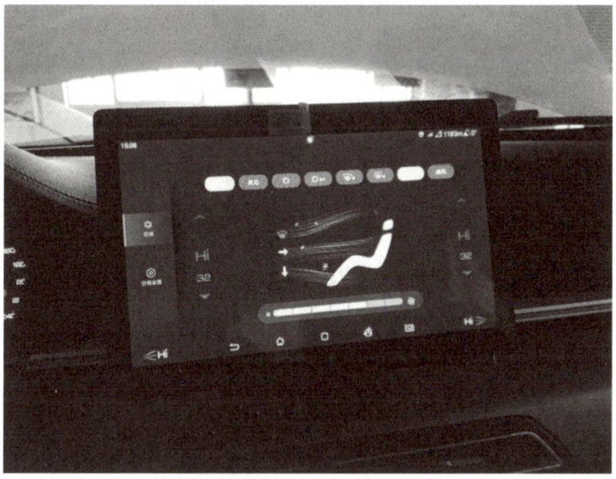

图4-6　A/C按钮

（17）温度调至最低。

（18）风量调至最大。

（19）打开内循环。

（20）所有仪表板出风口打开。

（21）运行5 min后将温度计插入仪表板中央出风口中心。

（22）记录仪表板中央出风口气温、冷媒表低压侧压力、冷媒表高压侧压力。

（23）检查是否有异常结霜部位及是否有异响。

（24）将低压侧和高压侧压力、仪表板中央出风口温度与“空调系统性能参数表”（表4-1）相比较，看是否在正常范围内。如果是，结束测试，否则继续下面的测量。

（25）让空调系统继续运行5 min。

（26）再次记录压力和温度。

（27）再次将低压侧和高压侧压力、仪表板中央出风口温度与“空调系统性能参数表”（表4-1）相比较，看是否在正常范围内。如果是，结束测试，否则说明空调系统有故障。

2. 添加制冷剂

（1）佩戴护目镜和手套。

（2）打开前机舱盖并支撑牢固。

（3）铺设车外三件套。

（4）将冷媒表组挂钩挂在前机舱盖锁扣位置。

（5）关闭冷媒表高、低压侧手动阀，连接红色管至冷媒表高压侧接口，蓝色管至冷媒表低压侧接口，黄色管至中间接口，如图4–4所示。

（6）连接冷媒表红色高压管至汽车空调高压侧检修口H处（细管），如图4–5所示。

（7）连接冷媒表蓝色低压管至汽车空调低压侧检修口L处（粗管），如图4–5所示。

（8）确保车辆下电并关闭A/C。

（9）开启冷媒表低压侧手动阀，汽车空调系统中的冷媒全部排出，将排出的废旧冷媒收集至专用容器环保处理。

（10）将冷媒表上的黄色管接在真空泵上，如图4–7所示。

图4–7　连接真空泵

（11）打开冷媒表上的高、低压侧手动阀。

（12）启动真空泵，运转10～15 min。

（13）当冷媒表高、低压侧压力均小于0时，关闭高、低压侧手动阀和真空泵。

（14）保压30 min，检查高、低压侧压力表指针是否有变化，确定系统有无泄漏。

（15）根据原车要求准备足够数量的R134a制冷剂。

（16）将开瓶器安装至制冷剂瓶口，并将开瓶器与冷媒表黄色管连接，如图4–8所示。

（17）将开瓶器的顶针向下旋，刺穿瓶口后顶针再次上旋回位。

（18）直立制冷剂罐，用钥匙按压黄色管T形排气口，直到有白色制冷剂从排气口排出则停止排气，如图4-9所示。

图4-8　开瓶器连接黄色管

图4-9　黄色管排空气

（19）打开低压侧手动阀，关闭高压侧手动阀，使冷媒以气态状态进入空调低压管中。

（20）车辆上电，将温度开至最冷，风量调至最大。

（21）关闭低压侧手动阀，拆除空制冷剂瓶，按步骤15—18加注剩余制冷剂。

（22）关闭低压侧手动阀，关闭A/C，车辆下电。

（23）拆除冷媒表。

（24）盖上车辆空调高、低压侧检修所有的盖和帽。

3. 更换空调滤芯

更换空调滤芯

（1）佩戴护目镜和手套。

（2）铺设车内三件套。

（3）打开副驾驶手套箱，如图4-10所示。

（4）拆卸手套箱内挡板，如图4-11所示。

（5）拆卸空调滤芯挡盖，如图4-12所示。

（6）取出旧的空调滤芯，如图4-13所示。

图4-10　副驾驶手套箱

图4-11　手套箱内挡板

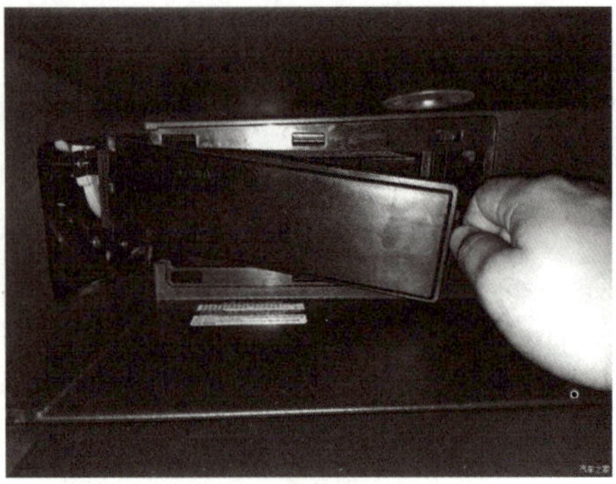

图 4–12　空调滤芯挡盖

图 4–13　空调滤芯

（7）安装新的空调滤芯。

（8）安装空调滤芯挡盖。

（9）安装手套箱内挡板。

（10）关闭副驾驶手套箱。

思考与练习

1. 填空题

（1）新能源汽车的暖风与空调制冷系统均靠________驱动并制温。

（2）传统的燃油车的暖风是由________制暖，制冷则是由________驱动压缩机制冷。

2. 简答题

（1）空调 (A/C) 系统性能测试参数有哪些？

（2）更换空调滤芯前应做好哪些准备工作？

任务一工单　空调系统的维护任务

1. 任务分组

班级		组号		指导老师	
组长		学号			
小组成员	姓名	学号	角色分工		
			监护人员		
			操作人员		
			记录人员		
			评分人员		

2. 任务准备

设备、工具、耗材准备：举升机、AE5741冷媒表、工业温湿度计、真空泵、绝缘手套、耐磨手套、护目镜、安全帽等。

3. 任务实施

空调系统的维护				
车型：			行驶里程：	
VIN码：			电机型号：	
项目及序号		检查作业内容	数据或异常情况记录	维护措施
作业准备	1	车辆的停放	□是 □否	
	2	设置隔离带	□是 □否	
	3	安放警示牌	□是 □否	
	4	安装车轮挡块	□是 □否	
	5	检查灭火器	□是 □否	
	6	检查绝缘手套	□是 □否	
	7	穿戴绝缘手套、绝缘鞋、安全帽和护目镜	□是 □否	

项目及序号		检查作业内容	数据或异常情况记录	维护措施
空调(A/C)系统性能测试	1	铺设车内三件套	□是 □否	
	2	施加驻车制动	□是 □否	
	3	挡位置于P(驻车挡)或N(空挡)	□是 □否	
	4	打开车窗	□是 □否	
	5	将点火开关置于OFF(关闭)位置	□是 □否	
	6	打开前机舱盖并支撑牢固	□是 □否	
	7	铺设车外三件套	□是 □否	
	8	将冷媒表组挂钩挂在前机舱盖锁扣位置	□是 □否	
	9	关闭冷媒表高、低压侧手动阀,连接红色管至冷媒表高压侧接口,蓝色管至冷媒表低压侧接口,黄色管至T形端口	□是 □否	
	10	连接冷媒表红色高压管至汽车空调高压侧检修口H处(细管)	□是 □否	
	11	连接冷媒表蓝色低压管至汽车空调低压侧检修口L处(粗管)	□是 □否	
	12	记录环境空气温度和湿度	□是 □否	
	13	关闭车门和车窗	□是 □否	
	14	将驾驶位车门车窗打开12～15 cm	□是 □否	
	15	车辆上电	□是 □否	
	16	打开A/C	□是 □否	
	17	温度调至最低	□是 □否	
	18	风量调至最大	□是 □否	
	19	打开内循环	□是 □否	
	20	所有仪表板出风口打开	□是 □否	
	21	运行5 min将温度计插入仪表板中央出风口中心	□是 □否	
	22	记录仪表板中央出风口气温、冷媒表低压侧压力、冷媒表高压侧压力	□是 □否	
	23	检查是否有异常结霜部位及是否有异响	□是 □否	

项目及序号		检查作业内容	数据或异常情况记录	维护措施
空调(A/C)系统性能测试	24	将低压侧和高压侧压力、仪表板中央出风口温度与“空调系统性能参数表”(表4-1)相比较，看是否在正常范围内。如果是，结束测试，否则继续下面的测量	□是 □否	
	25	让空调系统继续运行5 min	□是 □否	
	26	再次记录压力和温度	□是 □否	
	27	将低压侧和高压侧压力、仪表板中央出风口温度与“空调系统性能参数表”相比较，数据在正常范围内，结束测试	□是 □否	
	28	数据不正常说明空调系统有故障，进行必要的维修	□是 □否	
添加制冷剂	1	佩戴护目镜和手套	□是 □否	
	2	将冷媒表组挂钩挂在前机舱盖锁扣位置	□是 □否	
	3	关闭冷媒表高、低压侧手动阀，连接红色管至冷媒表高压侧接口，蓝色管至冷媒表低压侧接口，黄色管至中间接口	□是 □否	
	4	连接冷媒表红色高压管至汽车空调高压侧检修口H处(细管)	□是 □否	
	5	连接冷媒表蓝色低压管至汽车空调低压侧检修口L处(粗管)	□是 □否	
	6	确保车辆下电并关闭A/C	□是 □否	
	7	开启冷媒表低压侧手动阀，汽车空调系统中的冷媒全部排出，将排出的废旧冷媒收集至专用容器环保处理	□是 □否	
	8	将冷媒表上的黄色管接在真空泵上	□是 □否	
	9	打开冷媒表上的高、低压侧手动阀	□是 □否	
	10	启动真空泵，运转10～15 min	□是 □否	
	11	当冷媒表高、低压侧压力均小于0时，关闭高、低压侧手动阀和真空泵	□是 □否	
	12	保压30 min，检查高、低侧压力表指针是否有变化，确定系统有无泄漏	□是 □否	
	13	根据原车要求准备足够数量的R134a制冷剂	□是 □否	

项目及序号		检查作业内容	数据或异常情况记录	维护措施
添加制冷剂	14	将开瓶器安装至制冷剂瓶口，并将开瓶器与冷媒表黄色管连接	□是 □否	
	15	将开瓶器的顶针向下旋，刺穿瓶口后顶针再次上旋回位	□是 □否	
	16	直立制冷剂罐，用钥匙按压黄色管T形排气口，直到有白色制冷剂从排气口排出则停止排气	□是 □否	
	17	打开低压侧手动阀，关闭高压侧手动阀，使冷媒以气态状态进入空调低压管中	□是 □否	
	18	车辆上电，将温度开至最冷，风量调至最大	□是 □否	
	19	关闭低压侧手动阀，拆除空制冷剂瓶，重复步骤加注剩余制冷剂	□是 □否	
	20	关闭低压侧手动阀，关闭A/C，车辆下电	□是 □否	
	21	拆除冷媒表	□是 □否	
	22	盖上车辆空调高、低压侧检修所有的盖和帽	□是 □否	
更换空调滤芯	1	佩戴护目镜和手套	□是 □否	
	2	铺设车内三件套	□是 □否	
	3	打开副驾驶手套箱	□是 □否	
	4	拆卸手套箱内挡板	□是 □否	
	5	拆卸空调滤芯挡盖	□是 □否	
	6	取出旧的空调滤芯	□是 □否	
	7	安装新的空调滤芯	□是 □否	
	8	安装空调滤芯挡盖	□是 □否	
	9	安装手套箱内挡板	□是 □否	
	10	关闭副驾驶手套箱	□是 □否	
6S整理	1	拆除车内、外三件套，关闭前机舱盖	□已完成 □未完成	
	2	清点工具，场地6S管理	□已完成 □未完成	
总体状况描述				
总体建议				

4. 考核评价

项目及序号		维护作业内容	评价标准	得分
作业前准备（30分）	1	车辆的停放	将车辆停放在干燥、平坦、通风的场地，拉起手刹，车辆下电	
	2	设置隔离带	隔离带放置位置正确	
	3	安放警示牌	警示牌放置位置正确	
	4	安装车轮挡块	车轮挡块放置位置正确	
	5	检查灭火器	灭火器种类及压力正常	
	6	检查绝缘手套	绝缘等级正常，外观无破损	
	7	穿戴绝缘手套、绝缘鞋、安全帽和护目镜	穿戴正确	
空调(A/C)系统性能测试（30分）	1	铺设车内三件套	车内三件套安装齐全且正确	
	2	施加驻车制动	驻车制动可靠	
	3	挡位置于P(驻车挡)或N(空挡)	挡位正确	
	4	打开车窗	车窗降下	
	5	将点火开关置于OFF(关闭)位置	仪表灯熄灭	
	6	打开前机舱盖并支撑牢固	正确找到前机舱盖开关并支撑稳固	
	7	铺设车外三件套	车外三件套安装齐全且正确	
	8	将冷媒表组挂钩挂在前机舱盖锁扣位置	挂钩位置正确	
	9	关闭冷媒表高、低压侧手动阀，连接红色管至冷媒表高压侧接口，蓝色管至冷媒表低压侧接口，黄色管至T形端口	阀门关闭，管线连接正确	
	10	连接冷媒表红色高压管至汽车空调高压侧检修口H处(细管)	连接位置正确	
	11	连接冷媒表蓝色低压管至汽车空调低压侧检修口L处(粗管)	连接位置正确	
	12	记录环境空气温度和湿度	数据记录完整	
	13	关闭车门和车窗	车窗、车门关闭	
	14	将驾驶位车门车窗打开12～15 cm	车窗位置正确	

项目及序号		维护作业内容	评价标准	得分
空调(A/C)系统性能测试（30分）	15	车辆上电	车辆仪表灯点亮	
	16	打开A/C	A/C灯点亮	
	17	温度调至最低	温度显示最低	
	18	风量调至最大	风量显示最大	
	19	打开内循环	仪表显示内循环开启	
	20	所有仪表板出风口打开	所有出风口有风	
	21	运行5 min后将温度计插入仪表板中央出风口中心	温度计探头位置正确	
	22	记录仪表板中央出风口气温、冷媒表低压侧压力、冷媒表高压侧压力	数据记录完整	
	23	检查是否有异常结霜部位及是否有异响	检查全面	
	24	将低压侧和高压侧压力、仪表板中央出风口温度与“空调系统性能参数表”相比较，看是否在正常范围内。如果是，结束测试，否则继续下面的测量	数据比较结果正确	
	25	让空调系统继续运行5 min	时长足够	
	26	再次记录压力和温度	数据记录完整	
	27	将低压侧和高压侧压力、仪表板中央出风口温度与“空调系统性能参数表”相比较，数据在正常范围内，结束测试	数据比较结果正确	
	28	数据不正常说明空调系统有故障，进行必要的维修	判断正确	
添加制冷剂（20分）	1	佩戴护目镜和手套	佩戴正确	
	2	将冷媒表组挂钩挂在前机舱盖锁扣位置	悬挂位置正确	
	3	关闭冷媒表高、低压侧手动阀，连接红色管至冷媒表高压侧接口，蓝色管至冷媒表低压侧接口，黄色管至中间接口	管路连接正确	
	4	连接冷媒表红色高压管至汽车空调高压侧检修口H处（细管）	管路连接正确	
	5	连接冷媒表蓝色低压管至汽车空调低压侧检修口L处（粗管）	管路连接正确	
	6	确保车辆下电并关闭A/C	正确操作车辆下电并关闭A/C	

项目及序号		维护作业内容	评价标准	得分
添加制冷剂（20分）	7	开启冷媒表低压侧手动阀，汽车空调系统中的冷媒全部排出，将排出的废旧冷媒收集至专用容器环保处理	处理合规	
	8	将冷媒表上的黄色管接在真空泵上	管路连接正确	
	9	打开冷媒表上的高、低压侧手动阀	正确打开手动阀	
	10	启动真空泵，运转10～15 min	运转良好	
	11	当冷媒表高、低压侧压力均小于0时，关闭高、低压侧手动阀和真空泵	冷媒表压力显示负压，正确关闭手动阀和真空泵	
	12	保压30 min，检查高、低压侧压力表指针是否有变化，确定系统有无泄漏	判断正确	
	13	根据原车要求准备足够数量的R134a制冷剂	R134a制冷剂数量正确	
	14	将开瓶器安装至制冷剂瓶口，并将开瓶器与冷媒表黄色管连接	管路连接正确	
	15	将开瓶器的顶针向下旋，刺穿瓶口后顶针再次上旋回位	正确开瓶	
	16	直立制冷剂罐，用钥匙按压黄色管T形排气口，直到有白色制冷剂从排气口排出则停止排气	正确排出空气	
	17	打开低压侧手动阀，关闭高压侧手动阀，使冷媒以气态状态进入空调低压管中	操作正确	
	18	车辆上电，将温度开至最冷，风量调至最大	温度显示最低，风量显示最大	
	19	关闭低压侧手动阀，拆除空制冷剂瓶，重复步骤加注剩余制冷剂	阀门关闭，空瓶拆除	
	20	关闭低压侧手动阀，关闭A/C，车辆下电	阀门关闭，车辆下电正确	
	21	拆除冷媒表	表体拆除正确	
	22	盖上车辆空调高、低压侧检修所有的盖和帽	盖帽全部归位	
更换空调滤芯（10分）	1	佩戴护目镜和手套	佩戴正确	
	2	铺设车内三件套	车内三件套安装齐全且正确	
	3	打开副驾驶手套箱	手套箱打开正确	

项目及序号		维护作业内容	评价标准	得分
更换空调滤芯（10分）	4	拆卸手套箱内挡板	无损拆卸	
	5	拆卸空调滤芯挡盖	无损拆卸	
	6	取出旧的空调滤芯	正常取出	
	7	安装新的空调滤芯	空调滤芯方向正确	
	8	安装空调滤芯挡盖	无损安装	
	9	安装手套箱内挡板	无损安装	
	10	关闭副驾驶手套箱	正常关闭	
6S整理（10分）	1	拆除车内、外三件套，关闭前机舱盖	完全拆除三件套，前机舱盖锁闭	
	2	清点工具，场地6S管理	工具完全复位，场地清理干净	

任务二 车身电器设备的维护

任务介绍

小王在某新能源汽车4S店担任维修技术人员，今天有一位客户进店咨询他的新能源汽车雨刮无法刮干净玻璃水，并且玻璃水喷射位置太低，下雨时天窗滴水。此时需要小王来完成这项任务。小王需要明确汽车维修的车间安全注意事项，并按照标准流程进行维护前的场地布置，使用相应的设备和工具完成此次风窗刮水洗涤系统的维护保养工作。

任务分析

汽车风窗刮水洗涤系统是直接影响行车安全的重要系统之一。因此在维护作业前，需要了解该系统相关结构组成的知识，按照标准流程布置维护场地，熟练掌握维护保养流程，保障客户的行车安全。

相关知识

1. 风窗刮水及洗涤装置

汽车上装备风窗刮水器和洗涤器主要是为了实现前后风窗玻璃刮水、风窗玻璃清洗、前照灯清洗等功能。其中雨刮器分为有骨雨刮器和无骨雨刮器以及三段式雨刮器，雨刮器的接口又分为U型接口、侧插式接口、按扣式接口、燕尾式接口等，市面上大多数雨刮器都是U型接口。根据雨刮器工作的方式，也可以分为传统间歇式和雨珠感应式两大类。

2. 电动车窗及天窗

为了提高驾乘舒适性，大多数现代汽车都配备了电动车窗控制功能，驾驶员可利用车门扶手上的主控制开关来控制所有车窗玻璃的升降，其他各车门扶手上通常也设置分动开关，分别控制对应车窗的升降。为了使浑浊的空气迅速地被排出车外，同时又能使新鲜的空气流入车厢，提升汽车内部环境的舒适性，有些汽车顶部还安装了电动天窗系统。但有的汽车天窗系统容易在雨天出现漏水情况，要搞清楚漏水位置，首先要清楚全车排水口位置，如图4-14所示。排水槽环绕天窗板，从位于窗框每个转角处的排水管将水排出。

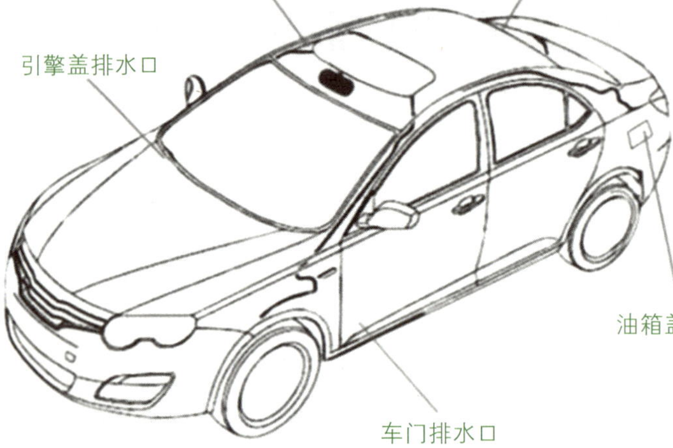

图4-14 全车排水口位置

实践操作

雨刮器刮水片的更换

1.雨刮器刮水片的更换

（1）打开雨刷卡扣盖子，如图4-15所示。

（2）将旧刮水片从U型雨刮臂上分离，如图4-16所示。

图4-15 打开盖子

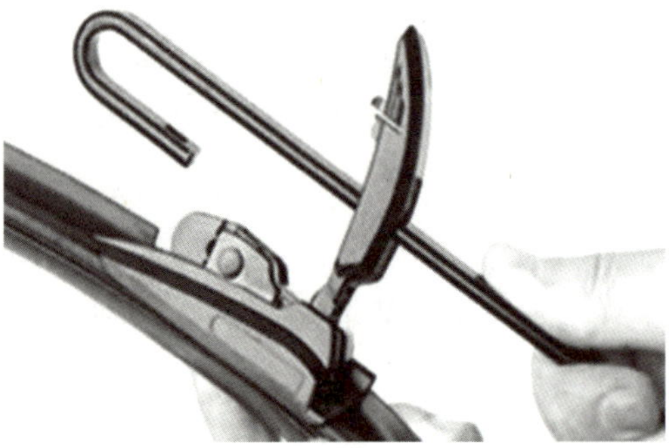

图4-16 分离雨刮臂

（3）将新刮水片装在U型雨刮臂上，如图4-17所示。

（4）合上卡扣盖子完成更换作业，如图4-18所示。

2.洗涤喷水嘴的调试

使用一字螺丝刀轻微调整喷嘴高度，边调边喷水，检查玻璃水喷射高度。如图4-19、4-20所示。

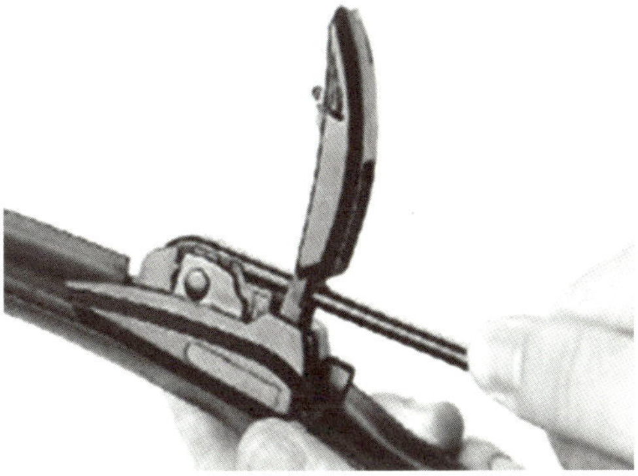

图4-17　安装新刮水片

图4-18　合上盖子

图4-19　喷嘴位置

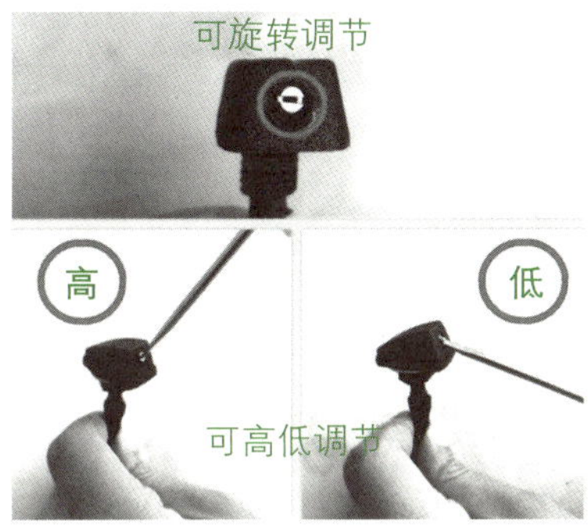

图4-20　调整高低

3. 天窗漏水位置排查

（1）戴好护目镜和手套。

（2）铺设车内三件套。

（3）打开天窗。

（4）检查天窗密封胶条是否破损、老化。

（5）查找天窗排水口位置，如图4-21所示。

（6）向天窗壳体排水槽中灌入少量水，测试是否有堵塞。

（7）检查每个拐角以确认排水软管正在排水。

（8）使用241 kPa或更低的压缩空气吹通堵塞的排水软管。

（9）再次向天窗壳体排水槽中灌入少量水，测试是否有堵塞。

（10）如仍有堵塞，用铁丝穿过软管以清除堵塞物，如图4-22所示。

（11）如果软管仍然堵塞，检查软管是否排布正确且没有扭结。

图4-21 排水口位置

图4-22 用铁丝清理排水孔

思考与练习

1.填空题

(1)汽车上装备_________和洗涤器主要是为了实现前后风窗玻璃刮水、风窗玻璃清洗、前照灯清洗等功能。

(2)电动天窗系统排水槽环绕天窗板,从位于窗框每个_________处的排水管将水排出。

2.简答题

(1)风窗雨刮器有哪些类型?

(2)天窗漏水检查需要采取哪些主要步骤?

任务二工单　车身电器设备的维护任务

1. 任务分组

班级		组号		指导老师	
组长		学号			
小组成员	姓名	学号	角色分工		
			监护人员		
			操作人员		
			记录人员		
			评分人员		

2. 任务准备

设备、工具、耗材准备：举升机、耐磨手套、护目镜、安全帽、雨刮胶条、一字螺丝刀、2 m长的排水管专用疏通铁丝等。

3. 任务实施

车身电器设备的维护				
车型：			行驶里程：	
VIN码：			电机型号：	
项目及序号		检查作业内容	数据或异常情况记录	维护措施
安全防护作业	1	车辆的停放	□是 □否	
	2	设置隔离带	□是 □否	
	3	安放警示牌	□是 □否	
	4	安装车轮挡块	□是 □否	
	5	检查灭火器	□是 □否	
	6	检查护目镜	□是 □否	

项目及序号		检查作业内容	数据或异常情况记录	维护措施
安全防护作业	7	检查安全帽	□是 □否	
	8	穿戴安全帽和护目镜	□是 □否	
雨刮器刮水片的更换	1	铺设车内三件套	□是 □否	
	2	车辆上电	□是 □否	
	3	拉动右侧雨刮开关喷射玻璃水刮拭前风窗	□是 □否	
	4	检查前风窗刮拭清洁情况	□正常 □脏污	
	5	打开雨刷卡扣盖子	□是 □否	
	6	将旧刮水片从U型雨刮臂上分离	□是 □否	
	7	将新刮水片装在U型雨刮臂上	□是 □否	
	8	合上卡扣盖子完成更换作业	□是 □否	
	9	拉动右侧雨刮开关喷射玻璃水刮拭前风窗	□是 □否	
	10	检查新刮水片刮拭清洁情况	□正常 □脏污	
洗涤喷水嘴的调试	1	使用一字螺丝刀轻微调整喷嘴高度	□是 □否	
	2	拉动右侧雨刮开关喷射玻璃水检查喷射位置	□是 □否	
天窗漏水位置排查	1	戴好护目镜和手套	□是 □否	
	2	铺设车内三件套	□是 □否	
	3	打开天窗	□是 □否	
	4	检查天窗胶条是否破损、老化	□是 □否	
	5	查找天窗排水口位置	□是 □否	
	6	向天窗壳体排水槽中灌入少量水，测试是否有堵塞	□是 □否	
	7	检查每个拐角以确认排水软管正在排水	□是 □否	
	8	使用241 kPa或更低的压缩空气吹通堵塞的排水软管	□是 □否	
	9	再次向天窗壳体排水槽中灌入少量水，测试是否有堵塞	□是 □否	

项目及序号		检查作业内容	数据或异常情况记录	维护措施
天窗漏水位置排查	10	如仍有堵塞，用铁丝穿过软管以清除堵塞物	□是　□否	
	11	如果软管仍然堵塞，检查软管是否排布正确且没有扭结	□是　□否	
6S整理	1	拆除车内三件套，关闭天窗	□已完成　□未完成	
	2	清点工具，场地6S管理	□已完成　□未完成	
总体状况描述				
总体建议				

4. 考核评价

项目及序号		维护作业内容	评价标准	得分
作业前准备（30分）	1	车辆的停放	将车辆停放在干燥、平坦、通风的场地，拉起手刹，车辆下电	
	2	设置隔离带	隔离带放置位置正确	
	3	安放警示牌	警示牌放置位置正确	
	4	安装车轮挡块	车轮挡块放置位置正确	
	5	检查灭火器	灭火器种类及压力正常	
	6	检查护目镜	镜片无破损	
	7	检查安全帽	外壳无破损，绑带良好	
	8	穿戴安全帽和护目镜	穿戴正确	
雨刮器刮水片的更换（40分）	1	铺设车内三件套	车内三件套安装齐全且正确	
	2	车辆上电	仪表灯点亮	
	3	拉动右侧雨刮开关喷射玻璃水刮拭前风窗	有玻璃水喷出，雨刮刮水	
	4	检查前风窗刮拭清洁情况	能分辨出刮拭不干净的位置	
	5	打开雨刷卡扣盖子	位置正确	

项目及序号		维护作业内容	评价标准	得分
雨刮器刮水片的更换（40分）	6	分离旧刮水片	安全分离	
	7	将新刮水片装在U型雨刮臂上	安装可靠	
	8	合上卡扣盖子完成更换作业	安装严丝合缝	
	9	拉动右侧雨刮开关喷射玻璃水刮拭前风窗	有玻璃水喷出，雨刮刮水	
	10	检查新刮水片刮拭清洁情况	能判断刮拭干净的程度	
天窗漏水位置排查（20分）	1	戴好护目镜和手套	正确佩戴防护用品	
	2	铺设车内三件套	车内三件套安装齐全且正确	
	3	打开天窗	天窗完全打开	
	4	检查天窗胶条是否破损、老化	检查无遗漏	
	5	查找天窗排水口位置	位置查找正确	
	6	向天窗壳体排水槽中灌入少量水，测试是否有堵塞	水量控制合适	
	7	检查每个拐角以确认排水软管正在排水	检查无遗漏	
	8	使用241 kPa或更低的压缩空气吹通堵塞的排水软管	压缩空气压力合适	
	9	再次向天窗壳体排水槽中灌入少量水，测试是否有堵塞	水量控制合适	
	10	如仍有堵塞，用铁丝穿过软管以清除堵塞物	推动铁丝的力道适中	
	11	如果软管仍然堵塞，检查软管是否排布正确且没有扭结	检查无遗漏	
6S整理（10分）	1	拆除车内三件套，关闭天窗	完全拆除三件套，天窗关闭	
	2	清点工具，场地6S管理	工具完全复位，场地清理干净	

项目五

汽车底盘系统的维护

思政讲堂

“我们既要绿水青山，也要金山银山。宁要绿水青山，不要金山银山，而且绿水青山就是金山银山。”(2013年9月7日，习近平在纳扎尔巴耶夫大学谈到环境保护问题时指出)

“在长期实践中，我们培育形成了爱岗敬业、争创一流、艰苦奋斗、勇于创新、淡泊名利、甘于奉献的劳模精神，崇尚劳动、热爱劳动、辛勤劳动、诚实劳动的劳动精神，执着专注、精益求精、一丝不苟、追求卓越的工匠精神。”(2020年11月24日，习近平在全国劳动模范和先进工作者表彰大会上的讲话)

实训目标

（1）熟悉新能源汽车制动系统、转向系统、行驶系统的组成及维护项目。

（2）掌握正确检查新能源汽车制动系统并维护保养的方法步骤。

（3）掌握正确检查和维护转向系统的步骤方法。

（4）掌握正确检查和维护行驶系统的步骤方法。

（5）增强遵守纪律、安全操作的意识，培养爱岗敬业、精益求精的工匠精神。

任务一　制动系统的维护与保养

任务介绍

某一天，车主王先生开着自己的爱车来到4S店，根据车辆行驶里程数、维护保养记录和使用手册的建议需要更换制动液，如果你是维修技师，你将如何进行制动液更换的维护操作呢？需要注意哪些事项呢？

任务分析

新能源汽车制动系统是车辆行驶过程中一个重要的安全系统，它的性能好坏直接关系到驾驶安全，因此通过对制动系统进行检查、维护、保养来确保制动系统安全可靠。维护内容主要包括制动液及管路连接检查、制动踏板的检查、真空助力器的检查、驻车制动系统的检查、制动摩擦块及制动盘的检查、制动液的更换等。

相关知识

1. 制动系统的作用

（1）车辆行驶中根据需要使车辆减速或停车；

（2）下坡时使车辆的车速保持稳定；

（3）使已经停止的车辆可靠停放。

2. 制动系统的组成

新能源汽车的制动系统包括行车制动系统和驻车制动系统。行车制动系统主要由制动操纵机构（制动踏板或手刹杆）、制动传动机构（制动主缸、制动管路、制动轮缸、制动器等）、制动器、制动辅助装置（制动液罐、真空助力器、ABS等）组成；驻车制动系统一般与行车制动系统共用一套制动器，只是操纵机构和传动机构是相互独立的，主要有机械式驻车制动系统和电子式驻车制动系统，现代新能源汽车多用电子驻车制动系统。

实践操作

1. 制动液及管路连接检查

（1）借助手电筒检查制动液储液罐的液位高度，液位高度应在最高刻度线和最低刻度线之间，如图5-1所示。

（2）检查制动液管路是否连接松脱或老化破损，如图5-2所示。

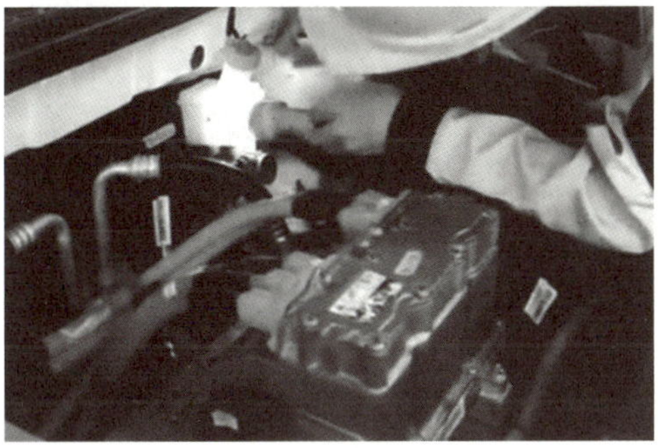

图5-1　检查制动液液位高度

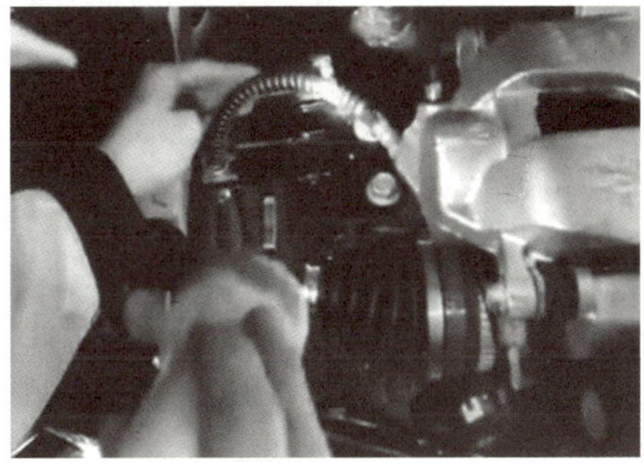

图5-2　检查制动液管路

2.制动踏板的检查

（1）取下制动踏板下方的底板垫，用钢直尺检查制动踏板的高度，如图5-3所示。

（2）用手压制动踏板至刚好感觉有阻力，测出此时制动踏板的高度，如图5-4所示。两次测量的数值差为制动踏板自由行程，标准值为3～8 mm。

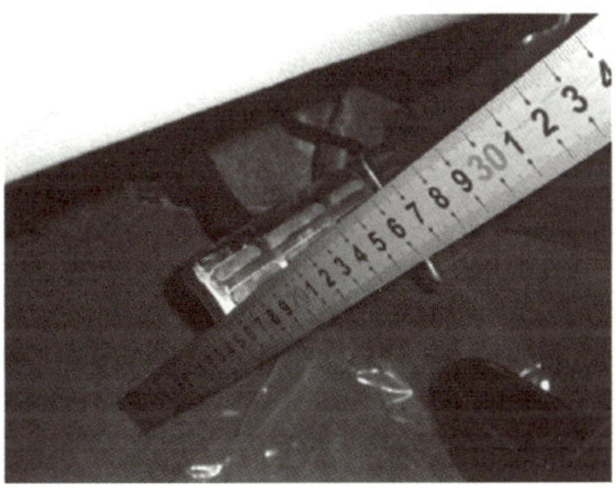

图5-3　测量制动踏板高度

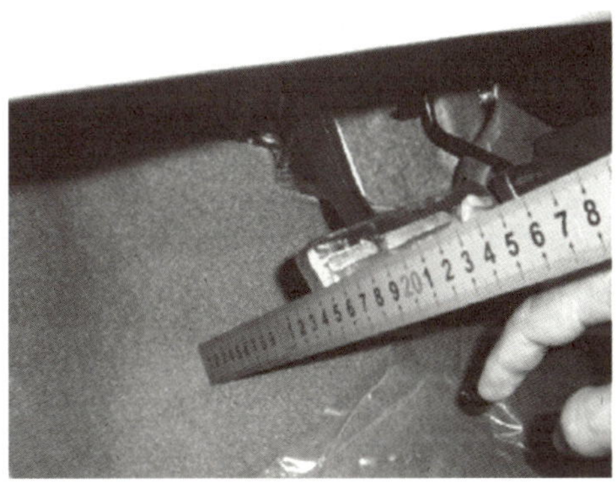

图5-4　测量制动踏板自由行程

3.真空助力器的检查

在车辆完全断电的状态下，踩下制动踏板，如果第一次可以完全踩下，第二次踩不下去，但车辆上电后踏板又可以很容易踩下去，说明真空助力器正常，否则真空助力器已损坏，需要检修。

4.驻车制动系统的检查

车辆上电后，拉起驻车制动按钮，仪表板上驻车警示灯应亮起；放下驻车制动按钮时，警示灯应熄灭，如图5-5所示。

图5-5　驻车制动系统检查

5. **制动摩擦块及制动盘的检查**

（1）用举升机将车辆举升到合适的高度并落锁，选用合适的车轮拆装套筒拆下车轮总成，如图5-6所示。

（2）选用合适的扳手拆下车轮制动器的制动钳体，如图5-7所示。

图5-6　拆下车轮总成

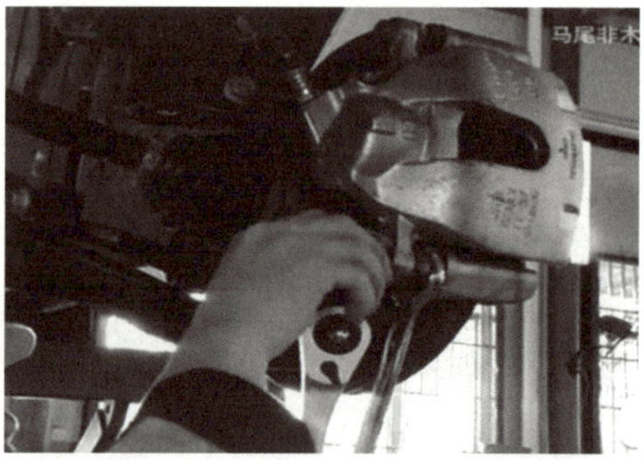

图5-7　拆下制动钳体

（3）拆下制动摩擦块，如图5-8所示。

（4）检查制动摩擦块表面有无裂纹、异常磨损等损伤，如图5-9所示。

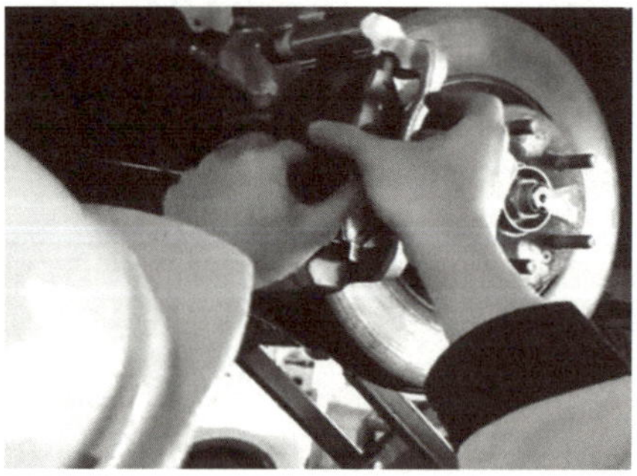

图5-8　拆下制动摩擦块

图5-9　检查制动摩擦块表面

（5）用钢直尺测量制动摩擦块的厚度，判断摩擦块是否磨损到极限，如图5-10所示。

（6）检查制动盘表面有无裂纹、异常磨损、划痕、沟槽等损伤，如图5-11所示，若存在以上缺陷必须更换制动盘。

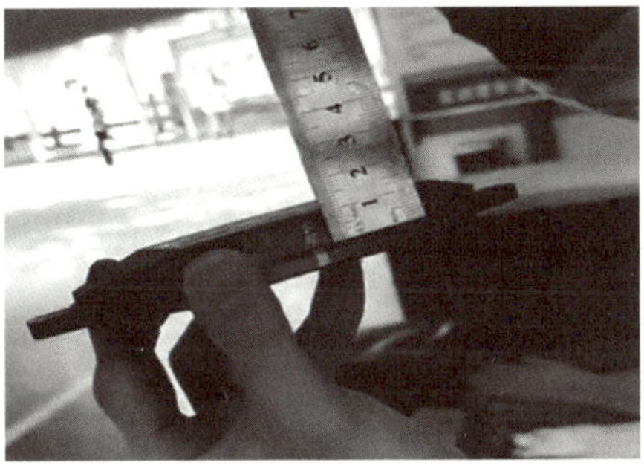

图5-10　测量制动摩擦块厚度

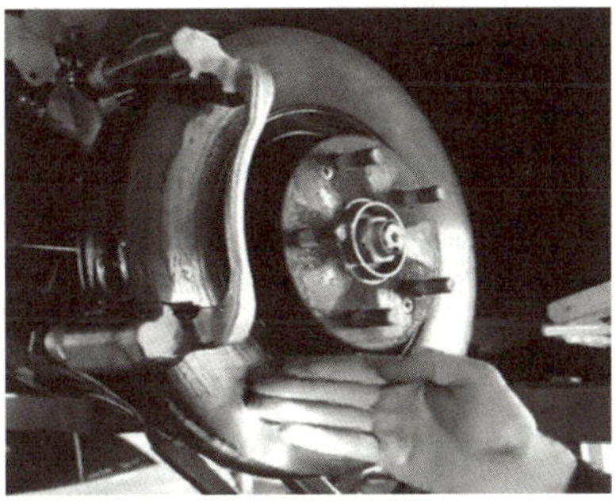

图5-11　检查制动盘表面

（7）用游标卡尺或千分尺测量制动盘的厚度，如图5-12所示，并判断是否磨损到极限，若磨损到极限必须更换。

（8）安装制动摩擦块和制动钳，如图5-13所示。

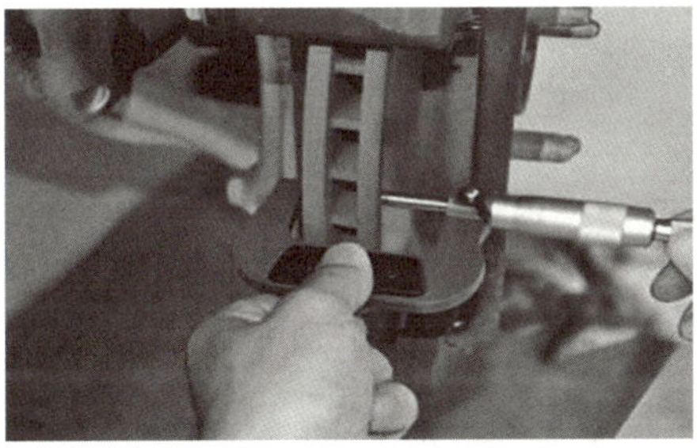

图5-12　测量制动盘厚度

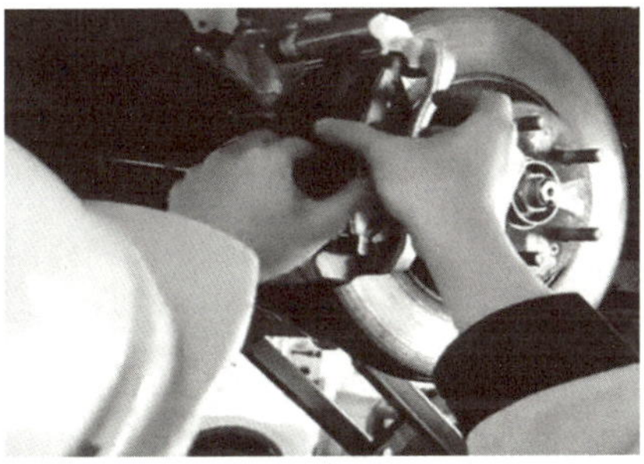

图5-13　安装制动摩擦块

（9）安装车轮总成，降下举升机，清洁、整理工具。

6. 制动液的更换

检查制动液时，若发现制动液没有变质，而低于最低刻线时，应该添加同规格、同品牌的制动液至合适的液位高度，如图5-14所示。

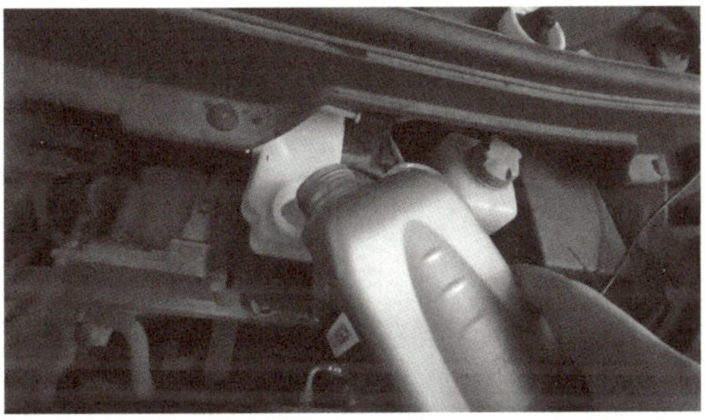

图5-14　添加制动液

若制动液变质，则需要更换制动液，具体步骤如下：

（1）打开车门，安装车内三件套。

（2）打开前机舱盖，并正确铺设翼子板布及前格栅布。

（3）打开制动液罐的加注口盖，并取下过滤网，如图5-15所示。

图5-15　打开制动液罐加注口盖

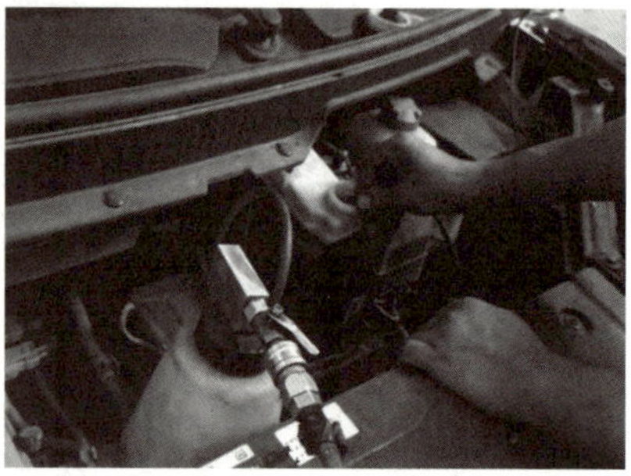
图5-16　抽出旧制动液

（4）将抽吸油机软管插入制动液储液罐，按下制动液抽吸油机开关，将制动液罐里的旧制动液抽出，如图5-16所示。

图5-17　加注新制动液

（5）加注新的制动液至合适的液位高度，如图5-17所示。

（6）举升车辆至合适的高度并落锁。

（7）取下右后轮制动轮缸的放气螺栓防尘帽，将透明的放油软管一头接到制动轮缸的放气螺栓的放油口上，如图5-18所示。

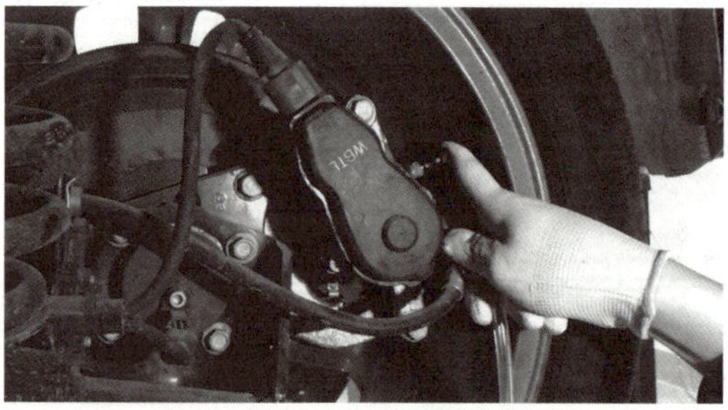
图5-18　在放油口接软管

（8）将透明的放油软管另一头接到制动液抽吸油机软管连接口。

（9）一个人在车内踩制动踏板几次后踩住制动踏板不放。

（10）另一个人选用合适的扳手在车底拧松放油螺栓，如图5-19所示。

图5-19 拧松放油螺栓

（11）打开抽吸油机开关，将旧制动液吸出，如图5-20所示，此时软管流出的制动液是黄色或混浊的颜色；当看到有接近透明的新制动液流出时，拧紧放油螺栓即可。

图5-20 吸出旧制动液

（12）关闭制动液抽吸油机开关，取下放油口处的透明软管。

（13）拧上后轮制动轮缸放气螺栓防尘帽。

（14）降下车辆，检查制动液管液位高度，若偏低则应补充添加。

（15）用同样的方法和步骤更换其余三个车轮制动管路中的制动液。

（16）车内人员踩下制动踏板数次，应该感觉制动踏板沉重，否则说明制动系统中有空气，此时应该重复上述过程进行排空气操作。

（17）四个制动器轮缸的制动液更换排气完成后，检查各车轮制动器轮缸放油螺栓处有无漏油，若有漏油则视情况进行修复处理。

（18）降下车辆，再次检查制动液罐制动液液位高度，必要时添加补给制动液，并安放制动液储液罐过滤网，拧上加注口盖。

（19）取下翼子板布和前格栅布，关闭前机舱盖。

（20）取下车内三件套，收拾、清洁、整理工具及设备等。

思考与练习

1.判断题

（1）制动液储液罐液位高度只要处于最低刻度线以上即可。 （ ）

（2）液压制动管路中不得有空气存在，否则影响制动效能。 （ ）

（3）检查制动摩擦块时发现摩擦块表面有轻微裂纹，但其厚度符合标准，因此可以继续使用。 （ ）

（4）制动踏板的自由行程不宜过大，也不宜过小。 （ ）

2.选择题

（1）下列操作说法正确的是 （ ）

A.将车辆举升到合适高度即可到车底进行作业

B.更换制动器制动轮缸的制动液时，车内人员踩几下制动踏板后松开，车底人员拧松放气螺栓进行排油

C.用钢直尺测量制动盘的厚度

D.拆卸车轮总成时，按对角顺序分几次拆卸车轮固定螺栓

（2）液压制动系统中将机械能转变为液压能的部件是 （ ）

A.制动管路 B.制动主缸 C.制动轮缸 D.真空助力器

（3）在行车制动装置中提供助力的是 （ ）

A.制动主缸 B.制动盘 C.制动鼓 D.真空助力器

3.操作题

（1）在实车上进行更换制动液操作，并总结出具体操作步骤。

（2）在实车上进行液压制动系统的排空气操作，并总结出具体操作步骤。

任务一工单 制动系统的维护与保养任务

1. 任务分组

班级		组号		指导老师	
组长		学号			
小组成员	姓名	学号	角色分工		
			监护人员		
			操作人员		
			记录人员		
			评分人员		

2. 任务准备

设备、工具、耗材准备：抹布若干块、手电筒、举升机、容器、透明软管、通用工具、游标卡尺、车内（外）三件套、车轮挡块、警示牌、隔离带、安全帽、护目镜、制动液、制动液抽吸机等。

3. 任务实施

制动系统的维护与保养				
车型：			行驶里程：	
VIN码：			电机型号：	
项目及序号		维护作业内容	数据或异常情况记录	维护措施
制动液及管路连接检查	1	检查制动液液位高度	□正常 □偏高 □偏低	
	2	检查制动液管路	□正常 □老化破损 □松脱 □其他	
制动踏板的检查	1	检查制动踏板的高度	踏板高度：_____mm □正常 □偏低 □偏高	
	2	测量制动踏板自由行程	踏板自由行程：_____mm 是否正常：□是 □否	
真空助力器的检查	1	检查真空助力器的工作情况	□正常 □不正常，具体问题：________________	

项目及序号		维护作业内容	数据或异常情况记录	维护措施
驻车制动系统的检查	1	检查驻车制动系统的工作情况	□正常 □不正常,具体问题:________	
制动摩擦块及制动盘的检查	1	举升车辆,拆卸车轮总成	□举升车辆并落锁 □拆装车轮总成	
	2	拆下制动钳体	□已完成 □未完成	
	3	拆下制动摩擦块	□已完成 □未完成	
	4	检查制动摩擦块表面	□正常 □裂纹 □异常磨损 □其他:________	
	5	测量制动摩擦块厚度	摩擦块厚度:_____mm 是否正常:□是 □否	
	6	检查制动盘表面	□正常 □裂纹 □异常磨损 □其他:________	
	7	测量制动盘的厚度	制动盘厚度:_____mm 是否正常:□是 □否	
	8	安装制动摩擦块和制动钳	□安装制动摩擦块 □安装制动钳	
	9	安装车轮总成	□已完成 □未完成	
	10	降下车辆、清洁整理工具和设备	□降下车辆 □清洁整理工具和设备	
制动液的更换	1	安装车内三件套	□打开车门 □铺设三件套	
	2	打开前机舱盖,铺设翼子板布和格栅布	□打开前机舱盖 □铺设翼子板布和格栅布	
	3	打开制动液罐加注口盖,并取下过滤网	□打开制动液加注口盖 □取下过滤网	
	4	抽吸旧制动液	□已完成 □未完成	
	5	加注新制动液	□已完成 □未完成	
	6	举升车辆并落锁	□已完成 □未完成	
	7	安装放油软管	□取下放气螺栓防尘帽 □放油软管安装到放气螺栓口	
	8	连接制动液抽吸油机	□已完成 □未完成	
	9	踩制动踏板	□已完成 □未完成	
	10	拧松放油螺栓	□已完成 □未完成	
	11	抽吸旧制动液	□已完成 □未完成	

项目及序号		维护作业内容	数据或异常情况记录	维护措施
制动液的更换	12	关闭吸油机	□关闭吸油机 □取下放油软管	
	13	拧上放气螺栓防尘帽	□已完成 □未完成	
	14	降下车辆检查制动液位高度	□降下车辆 制动液位高度:□正常 □偏低 □偏高	
	15	更换其余三个轮缸制动液	□已完成 □未完成	
	16	检查制动系统是否有空气	□是 □否	
	17	检查各放油螺栓处有无漏油	□否 □是,具体位置________________	
	18	降下车辆,再次检查制动液液位高度	□放下车辆 制动液液位:□偏高 □偏低 □正常	
	19	安装过滤网,盖上制动液加注口盖	□安装过滤网 □盖上加注口盖	
	20	6S复位	□取下翼子板布和前格栅布 □盖上前机舱盖 □取下车内三件套 □清扫场地 □整理清洁工具及设备 □取下车轮挡块	
总体状况描述				
总体建议				

4. 考核评价

项目及序号		维护作业内容	评价标准	得分
制动液及管路连接检查	1	检查制动液液位高度	用手电筒正确检查制动液液位高度,并判断准确	
	2	检查制动液管路	正确检查制动液管路,并做好记录	
制动踏板的检查	1	检查制动踏板的高度	用钢直尺正确检查制动踏板的高度	
	2	测量制动踏板自由行程	用钢直尺正确测量、计算、判断踏板自由行程,并做好记录	
真空助力器的检查	1	检查真空助力器的工作情况	正确检查真空助力器的工作情况,并判断其状态,做好记录	
驻车制动系统的检查	1	检查驻车制动系统的工作情况	正确检查驻车制动系统的工作情况,并判断其状态,做好记录	

项目及序号		维护作业内容	评价标准	得分
制动摩擦块及制动盘的检查	1	举升车辆,拆卸车轮总成	用举升机正确举升车辆并落锁,选用合适的工具按正确顺序拆卸车轮总成	
	2	拆下制动钳体	选用合适的工具拆下制动钳体,不得有工具或工件掉落的现象	
	3	拆下制动摩擦块	正确、安全地拆下制动摩擦块,不得有工具或工件掉落的现象	
	4	检查制动摩擦块表面	目检制动摩擦块有无裂纹、异常磨损等损伤,并做好记录	
	5	测量制动摩擦块厚度	用钢直尺正确测量、记录制动摩擦块的厚度,并判断是否正常	
	6	检查制动盘表面	目检制动盘表面有无裂纹、异常磨损、沟槽、划痕等损伤,并做好记录	
	7	测量制动盘的厚度	用游标卡尺或千分尺正确测量、记录制动盘的厚度,并判断是否磨损到极限	
	8	安装制动摩擦块和制动钳	正确安装制动摩擦块和制动钳体	
	9	安装车轮总成	正确安装车轮总成	
	10	降下车辆、清洁整理工具和设备	正确降下车辆,清洁、整理工具和设备,清扫场地	
制动液的更换	1	安装车内三件套	打开车门,正确安装车内三件套	
	2	打开前机舱盖,铺设翼子板布和格栅布	正确打开前机舱盖,铺设翼子板布和前格栅布	
	3	打开制动液罐加注口盖,并取下过滤网	正确打开制动液加注口盖,取下过滤网	
	4	抽吸旧制动液	正确安装抽吸机,打开开关抽出制动液罐中的旧制动液	
	5	加注新制动液	正确加注新制动液至最高刻度线偏下一点	
	6	举升车辆并落锁	正确将车辆举升到合适的高度,并落锁	
	7	安装放油软管	拆下放气螺栓防尘帽,将透明橡胶软管一头安装到放气螺栓口	
	8	连接制动液抽吸油机	将透明橡胶软管另一头安装到抽吸油机上	
	9	踩制动踏板	车内人员踩几下制动踏板后踩住不放	
	10	拧松放油螺栓	车外人员用合适的扳手拧松放油螺栓	

项目及序号		维护作业内容	评价标准	得分
制动液的更换	11	抽吸旧制动液	打开抽吸油机开关，抽吸制动轮缸的旧制动液	
	12	关闭吸油机	关闭抽吸油机，拧紧放油螺栓，拆下放油软管	
	13	拧上放气螺栓防尘帽	正确拧上放气螺栓防尘帽	
	14	降下车辆，检查制动液液位高度	降下车辆，检查制动液液位高度，必要时添加补给制动液	
	15	更换其余三个轮缸制动液	按照以上方法正确更换其他三个轮缸的制动液	
	16	检查制动系统是否有空气	正确检查制动系统管路中是否存在空气	
	17	检查各放油螺栓处有无漏油	检查管路及放油螺栓处是否存在渗漏	
	18	降下车辆，再次检查制动液液位高度	正确检查制动液罐液位高度，必要时添加补给至合适的液位高度	
	19	安装过滤网，盖上制动液加注口盖	安装过滤网，拧紧制动液罐加注口盖	
	20	6S复位	取下翼子板布和前格栅布，盖上前机舱盖，取下车内三件套，清洁、整理工具和设备，清扫场地	

任务二　转向系统的维护与保养

任务介绍

车主刘先生的爱车在转方向盘时有异响，如果你是维修技师，你将对转向系统进行哪些维护项目？

任务分析

新能源汽车转向系统是控制汽车行驶方向的一个重要安全装置，其性能的好坏关系到驾驶安全，因此对其做好转向盘检查、转向横拉杆及转向球头检查、转向节检查、转向器检查、电动助力转向器防尘罩的更换等，可确保转向系统正常工作。

相关知识

1. 转向系统的作用

转向系统的作用是按照驾驶员的意愿控制汽车的行驶方向，即改变和保持车辆的行驶方向。

2. 转向系统的组成

新能源汽车的转向系统主要由转向操纵机构、转向器、转向传动机构和助力系统组成。转向操纵机构主要包括转向盘、转向柱和转向轴等；新能源汽车上用的转向器主要是齿轮齿条式转向器；新能源汽车转向传动机构主要包括转向横拉杆和转向球头。

3. 转向系统的类型

新能源汽车的转向系统是在机械转向系统的基础上加了一套助力系统，按照助力系统的不同分为机械液压助力转向系统、电子液压助力转向系统和电动助力转向系统，现今新能源汽车广泛采用电动助力转向系统。

实践操作

1. 转向盘的检查

（1）双手握住方向盘上下晃动，检查方向盘有无摆动和松动感，如图5-21所示。

（2）双手握住方向盘左右晃动，检查方向盘有无摆动和松动感，如图5-22所示。

图5-21　上下晃动方向盘

图5-22　左右晃动方向盘

（3）双手握住方向盘前后晃动，检查方向盘有无摆动和松动感，如图5-23所示。

（4）检查方向盘的自由行程。车辆上电，回正方向盘，车外人员配合观察车轮状态，转动方向盘到车轮开始发生偏转，此时将方向盘反方向转至车轮刚开始偏转为止，用钢直尺测量方向盘的自由行程，如图5-24所示，不得大于30 mm。

图5-23　前后晃动方向盘

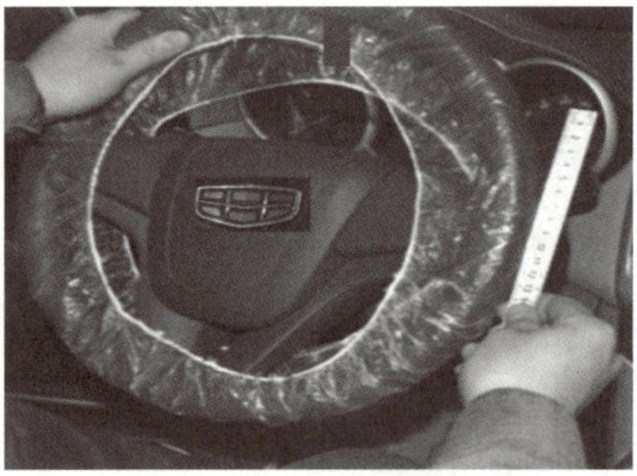

图5-24　测量方向盘自由行程

2.转向横拉杆及转向球头的检查

（1）举升车辆至合适的高度并落锁，检查转向横拉杆有无弯曲变形、损坏；用手抓住转向横拉杆上下晃动，检查横拉杆安装有无松动，如图5-25所示。

（2）检查转向横拉杆球头防尘罩有无老化破损，检查槽形螺母开口销是否变形、损坏，如图5-26所示。

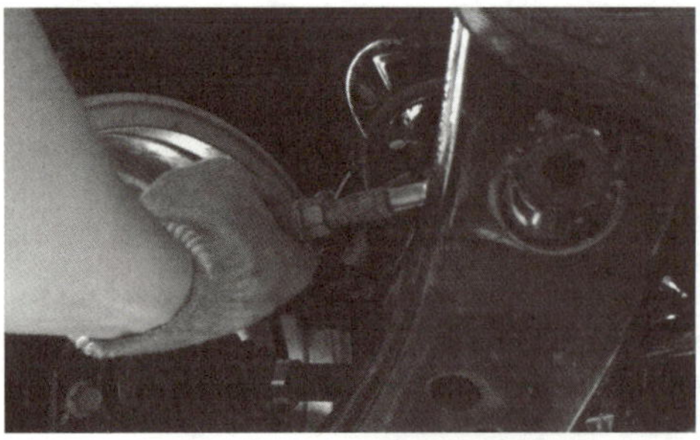

图5-25　检查转向横拉杆

图5-26　检查球头防尘罩

3. **转向节的检查**

检查转向节有无变形、损坏，如图5-27所示。

4. **转向器的检查**

（1）检查转向器防尘罩有无破损、渗漏。

（2）检查转向器防尘罩卡箍安装有无松动，如图5-28所示。

图5-27　检查转向节

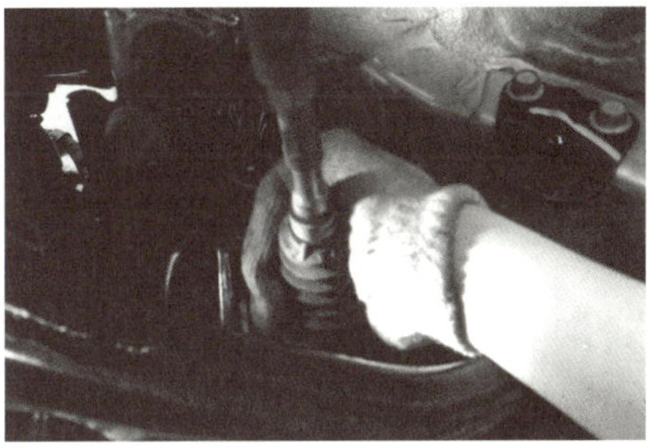

图5-28　检查转向器防尘罩卡箍

5. **电动助力转向器防尘罩的更换**

（1）拆卸前车轮总成。

（2）拆卸转向横拉杆和球头。

（3）拆下电动助力转向器防尘罩卡箍及防尘罩，如图5-29和图5-30所示。

图5-29　拆卸转向器防尘罩外侧卡箍

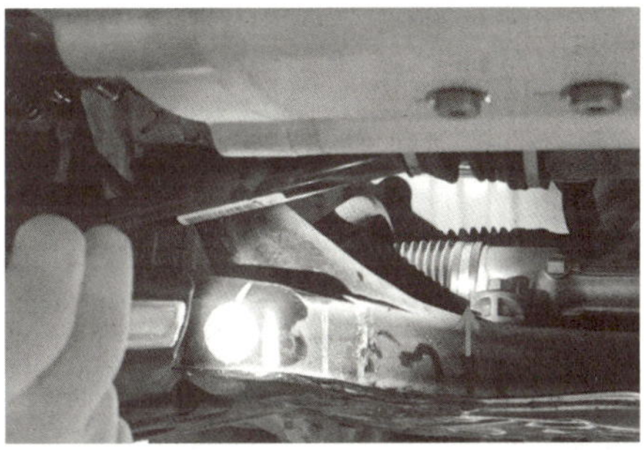

图5-30　拆卸转向器防尘罩内侧卡箍

（4）安装新转向器防尘罩，并用卡箍固定防尘罩内外两侧。

（5）安装转向横拉杆和转向球头。

（6）安装前车轮总成。

（7）调整前轮前束（用四轮定位仪检测调整）。

（8）放下车辆，清洁、整理工具和设备，清扫场地。

6. **转向盘的更换**

（1）断开蓄电池负极电缆线（注意：在蓄电池负极断开2 min后再进行拆卸工作），如图5-31所示。

（2）拆卸方向盘内的安全气囊，如图5-32所示。

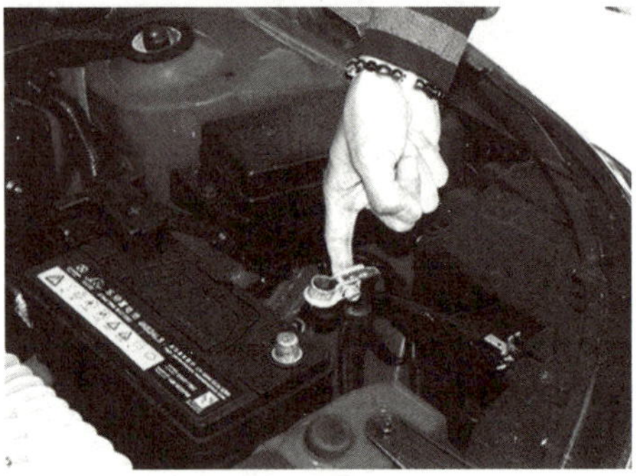

图5-31　断开蓄电池负极

图5-32　拆卸安全气囊

（3）拔下线束连接器，如图5-33所示。

（4）选用合适的扳手拆卸方向盘固定螺栓，取下方向盘，如图5-34所示。

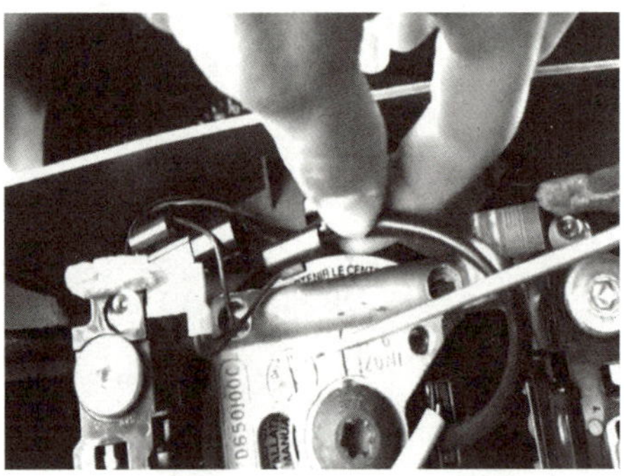

图5-33　拔下线束连接器

图5-34　拆卸方向盘

（5）安装新的方向盘，按规定力矩拧紧固定螺栓（一般规定为45 N·m），如图5-35所示。

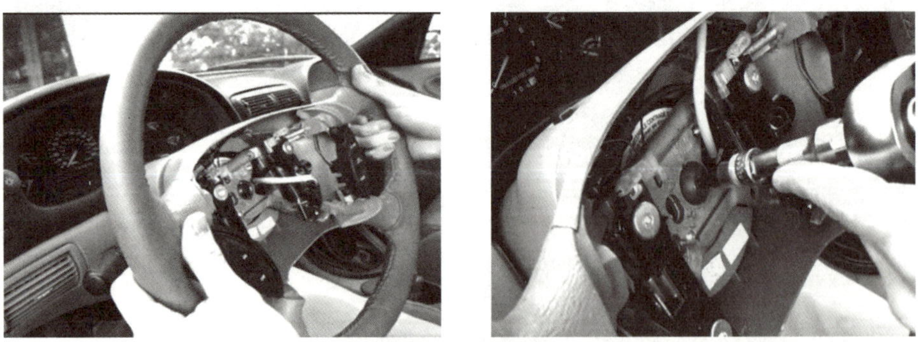

图5-35　安装新方向盘

（6）插接线束连接器。

（7）安装安全气囊。

（8）连接蓄电池负极电缆线。

（9）车辆复位，取下车内三件套，收拾、清洁、整理工具及设备等。

思考与练习

1. 判断题

（1）现代新能源汽车的转向助力装置一般是由发动机驱动的液压助力转向系统。（　　）

（2）转向横拉杆不得有弯曲变形，否则要更换。（　　）

2. 选择题

（1）汽车转向系统常见的助力系统有（　　）

A. 液压助力转向系统　　B. 电动助力转向系统

C. 电子液压助力转向系统　　D. 以上都是

（2）电动助力转向系统是一种直接依靠______提供辅助转矩的动力系统，具有很多优点。（　　）

A. 发动机　　B. 电动机　　C. 发电机　　D. 液压泵

任务二工单　转向系统的维护与保养任务

1. 任务分组

班级		组号		指导老师	
组长		学号			
小组成员	姓名	学号	角色分工		
			监护人员		
			操作人员		
			记录人员		
			评分人员		

2. 任务准备

设备、工具、耗材准备：抹布若干块、手电筒、举升机、通用工具、车内（外）三件套、车轮挡块、警示牌、隔离带、安全帽、护目镜等。

3. 任务实施

转向系统的维护与保养				
车型：			行驶里程：	
VIN码：			电机型号：	
项目及序号		维护作业内容	数据或异常情况记录	维护措施
转向盘的检查	1	上下晃动方向盘	□正常　□有松动感	
	2	左右晃动方向盘	□正常　□有松动感	
	3	前后晃动方向盘	□正常　□有松动感	
	4	检查方向盘的自由行程	方向盘自由行程为_____mm □正常　□偏大　□偏小	
转向横拉杆及转向球头的检查	1	检查转向横拉杆	□正常　□弯曲变形　□安装松动	
	2	检查转向球头	□正常　□防尘套老化破损 □其他：________________________	
检查转向节	1	检查转向节情况	□正常　□变形　□损坏 具体位置：______________________	

<table>
<tr><th colspan="2">项目及序号</th><th>维护作业内容</th><th>数据或异常情况记录</th><th>维护措施</th></tr>
<tr><td rowspan="2">检查转向器</td><td>1</td><td>检查转向器防尘罩</td><td>□正常 □老化破损 □渗漏</td><td></td></tr>
<tr><td>2</td><td>检查防尘罩卡箍</td><td>□正常 □安装松动 □断裂</td><td></td></tr>
<tr><td rowspan="8">电动助力转向器防尘罩的更换</td><td>1</td><td>拆卸前车轮总成</td><td>□举升车辆并落锁 □拆卸车轮总成</td><td></td></tr>
<tr><td>2</td><td>拆卸转向横拉杆和球头</td><td>□拆卸转向横拉杆 □拆卸球头</td><td></td></tr>
<tr><td>3</td><td>拆卸防尘罩卡箍及防尘罩</td><td>□拆卸防尘罩卡箍 □拆卸防尘罩</td><td></td></tr>
<tr><td>4</td><td>安装新转向器防尘罩及卡箍</td><td>□安装新防尘罩 □安装新卡箍</td><td></td></tr>
<tr><td>5</td><td>安装转向横拉杆和转向球头</td><td>□安装转向横拉杆 □安装球头</td><td></td></tr>
<tr><td>6</td><td>安装前车轮总成</td><td>□已完成 □未完成</td><td></td></tr>
<tr><td>7</td><td>调整前轮前束</td><td>□已完成 □未完成</td><td></td></tr>
<tr><td>8</td><td>降下车辆,清洁、整理工具和设备</td><td>□降下车辆 □清洁、整理工具和设备
□清扫场地</td><td></td></tr>
<tr><td rowspan="11">转向盘的更换</td><td>1</td><td>安装车内三件套</td><td>□打开车门 □铺设三件套</td><td></td></tr>
<tr><td>2</td><td>打开前机舱盖,铺设翼子板布和格栅布</td><td>□打开前机舱盖
□铺设翼子板布和格栅布</td><td></td></tr>
<tr><td>3</td><td>断开蓄电池负极电缆线</td><td>□已完成 □未完成</td><td></td></tr>
<tr><td>4</td><td>拆卸安全气囊</td><td>□已完成 □未完成</td><td></td></tr>
<tr><td>5</td><td>拔下线束连接器</td><td>□已完成 □未完成</td><td></td></tr>
<tr><td>6</td><td>拆卸方向盘</td><td>□拆卸方向盘固定螺栓
□取下方向盘</td><td></td></tr>
<tr><td>7</td><td>安装新的方向盘</td><td>□安装新方向盘
□按规定力矩拧紧方向盘固定螺栓</td><td></td></tr>
<tr><td>8</td><td>插接线束连接器</td><td>□已完成 □未完成</td><td></td></tr>
<tr><td>9</td><td>安装安全气囊</td><td>□已完成 □未完成</td><td></td></tr>
<tr><td>10</td><td>连接蓄电池负极电缆线</td><td>□已完成 □未完成</td><td></td></tr>
<tr><td>11</td><td>6S复位</td><td>□取下翼子板布和前格栅布
□盖上前机舱盖 □取下三件套
□清扫场地
□整理、清洁工具及设备
□取下车轮挡块</td><td></td></tr>
<tr><td colspan="2">总体状况描述</td><td colspan="3"></td></tr>
<tr><td colspan="2">总体建议</td><td colspan="3"></td></tr>
</table>

4. 考核评价

<table>
<tr><th colspan="2">项目及序号</th><th>维护作业内容</th><th>评价标准</th><th>得分</th></tr>
<tr><td rowspan="4">转向盘的检查</td><td>1</td><td>上下晃动方向盘</td><td>用双手握住方向盘上下晃动,并准确判断是否有松动感,并记录</td><td></td></tr>
<tr><td>2</td><td>左右晃动方向盘</td><td>用双手握住方向盘左右晃动,并准确判断是否有松动感,并记录</td><td></td></tr>
<tr><td>3</td><td>前后晃动方向盘</td><td>用双手握住方向盘前后晃动,并准确判断是否有松动感,并记录</td><td></td></tr>
<tr><td>4</td><td>检查方向盘的自由行程</td><td>正确检查方向盘自由行程,做好记录,并准确判断结果,得出结论</td><td></td></tr>
<tr><td rowspan="2">转向横拉杆及转向球头的检查</td><td>1</td><td>检查转向横拉杆</td><td>正确检查转向横拉杆,并做记录</td><td></td></tr>
<tr><td>2</td><td>检查转向球头</td><td>正确检查转向球头及防尘套,并做记录</td><td></td></tr>
<tr><td>检查转向节</td><td>1</td><td>检查转向节情况</td><td>正确检查转向节情况,并做好记录</td><td></td></tr>
<tr><td rowspan="2">检查转向器</td><td>1</td><td>检查转向器防尘罩</td><td>正确检查转向器防尘罩有无老化破损,并做好记录</td><td></td></tr>
<tr><td>2</td><td>检查防尘罩卡箍</td><td>正确检查转向器防尘罩卡箍有无断裂损坏,并做好记录</td><td></td></tr>
<tr><td rowspan="8">电动助力转向器防尘罩的更换</td><td>1</td><td>拆卸前车轮总成</td><td>用举升机正确举升车辆并落锁,选用合适的工具按正确顺序拆卸车轮总成</td><td></td></tr>
<tr><td>2</td><td>拆卸转向横拉杆和球头</td><td>选用合适的工具拆下转向横拉杆和球头,不得有工具或工件掉落的现象</td><td></td></tr>
<tr><td>3</td><td>拆卸防尘罩卡箍及防尘罩</td><td>正确、安全地拆下防尘套卡箍及防尘套,不得有工具或工件掉落的现象</td><td></td></tr>
<tr><td>4</td><td>安装新转向器防尘罩及卡箍</td><td>正确安装新防尘罩,并用新卡箍固定防尘罩</td><td></td></tr>
<tr><td>5</td><td>安装转向横拉杆和转向球头</td><td>正确安装转向横拉杆和转向球头</td><td></td></tr>
<tr><td>6</td><td>安装前车轮总成</td><td>正确安装前车轮总成</td><td></td></tr>
<tr><td>7</td><td>调整前轮前束</td><td>能够用四轮定位仪检测四轮定位参数,并按要求正确调整前轮前束</td><td></td></tr>
<tr><td>8</td><td>降下车辆,清洁整理工具和设备</td><td>车辆复位,清洁、整理工具和设备,清扫场地</td><td></td></tr>
</table>

项目及序号		维护作业内容	评价标准	得分
转向盘的更换	1	安装车内三件套	打开车门,正确安装车内三件套	
	2	打开前机舱盖,铺设翼子板布和格栅布	打开前机舱盖,铺设翼子板布和前格栅布	
	3	断开蓄电池负极电缆线	正确断开蓄电池负极电缆线	
	4	拆卸安全气囊	选用合适的工具正确拆下安全气囊	
	5	拔下线束连接器	正确拔下安全气囊线束、喇叭开关线束等线束	
	6	拆卸方向盘	选用合适的工具拧下方向盘固定螺栓,并取下方向盘	
	7	安装新的方向盘	安装新方向盘,并按规定力矩拧紧方向盘固定螺栓	
	8	插接线束连接器	正确插接各种线束	
	9	安装安全气囊	正确安装安全气囊	
	10	连接蓄电池负极电缆线	正确连接蓄电池负极电缆线	
	11	6S复位	取下翼子板布和前格栅布,盖上前机舱盖,取下车内三件套,清洁、整理工具和设备,清扫场地	

任务三　行驶系统的维护与保养

任务介绍

车主张先生的爱车在高速行驶时，感觉车辆方向盘抖动，而且左前轮轮胎面上出现了波纹状的异常磨损，如果你是维修技师，你认为是什么问题？你将对车辆进行哪些维护项目？

任务分析

汽车行驶系统的检查主要是对车轮进行检查维护，从车轮整体结构到车轮安装都需检测。

相关知识

1.行驶系统的作用

新能源汽车行驶系统的作用如下：

（1）将驱动电机经减速器传来的转矩转化为驱动力；

（2）将车辆构成一个整体，支承汽车总重量；

（3）承受并传递路面作用于轮胎的力和力矩；

（4）减小震动，缓和冲击，保证车辆的行驶平顺性和舒适性；

（5）与转向系统配合控制汽车的行驶方向。

2.行驶系统的组成

新能源汽车的行驶系统一般由车架、车桥、悬架、车轮和轮胎组成。

3.行驶系统的重要性

行驶系统性能的好坏决定着车辆的安全性、舒适性和操控性是否良好，若行驶系统出现故障，将严重影响到车辆的安全性、舒适性，甚至存在事故隐患。

实践操作

1.轮胎换位

（1）选用合适的车轮总成拆卸套筒扳手或冲击套筒扳手对角拧松四个车轮的固定螺栓，如图5-36所示。

（2）用举升机将车辆举升至轮胎刚好离地，并锁止举升机，如图5-37所示。

图 5–36　拧松车轮固定螺栓

图 5–37　举升车辆

（3）用总成拆卸套筒扳手或冲击套筒扳手对角拆下四个车轮的固定螺栓，取下车轮总成，妥善保管螺栓，如图 5–38 所示。

图 5–38　拆卸车轮总成

（4）将左边两个车轮前后互换位置，右边两个车轮前后互换位置进行安装，用套筒扳手预拧紧车轮螺栓，如图 5–39 所示。

（5）降下车辆，并用扭力扳手按规定力矩拧紧固定螺栓，如图 5–40 所示。

图 5–39　预拧紧车轮螺栓

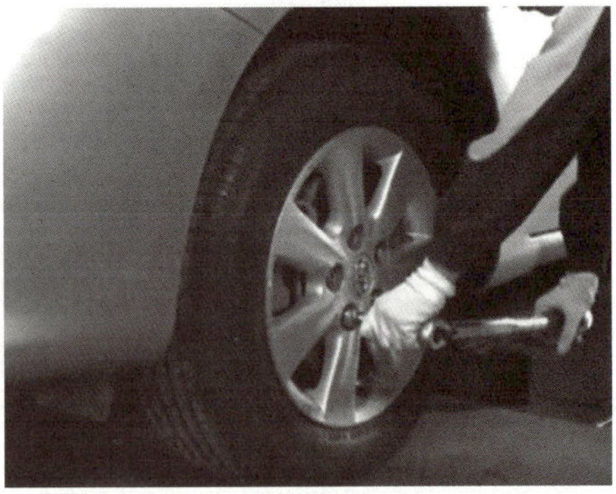

图 5–40　用扭力扳手拧紧车轮固定螺栓

（6）车辆复位，收拾、清洁、整理工具及设备等。

2. 车轮动平衡检测与校正

（1）选用合适的车轮总成拆卸套筒扳手或冲击套筒扳手拆下车轮总成。

（2）用平衡钳或一字螺丝刀清除轮胎花纹槽中的石子、泥块等异物，如图5-41所示。

车轮动平衡检测调整

（3）用平衡钳拆除车轮上所有的旧平衡块，如图5-42所示。

图5-41　清除花纹槽中异物

图5-42　拆旧平衡块

（4）选择与轮辋中心孔匹配的轴心定位锥体安装到平衡机旋转轴上，如图5-43所示。

图5-43　安装轴心定位锥体

（5）将车轮总成安装到动平衡机旋转轴上，旋紧快速锁紧螺母，使车轮固定在旋转轴上，如图5-44所示。

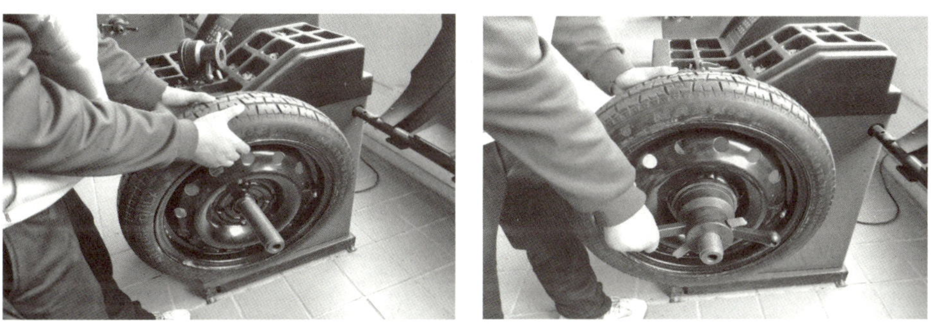

图5-44　将车轮总成安装到转轴上

（6）推转车轮，检查车轮是否被锁紧，并打开电源开关，如图5-45所示。

图5-45　检查车轮是否锁紧

（7）用传感器拉尺测量安装动平衡块处的轮辋至平衡机箱体的距离a，若发现识别数据与测量实际数据不一致时进行手动输入，如图5-46所示。

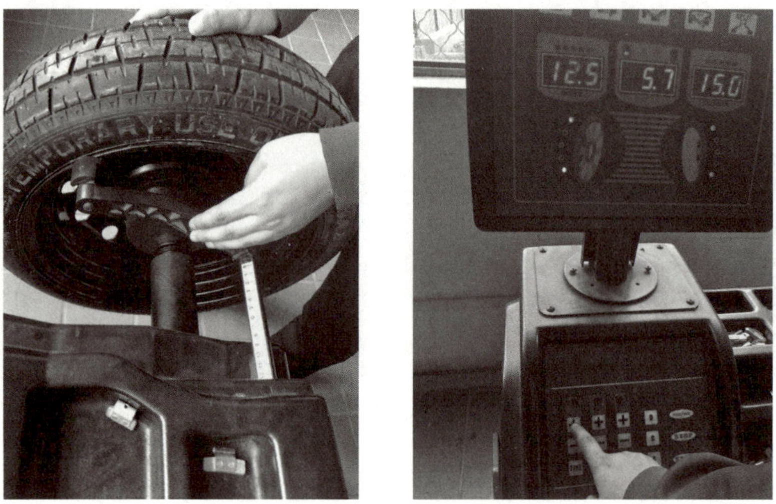

图5-46　测量并输入数据a

（8）用平衡机随机器配备的专用卡尺，测量安装动平衡块处的轮辋对边宽度b，并输入至平衡机，如图5-47所示。

图5-47　测量并输入数据b

（9）用专用卡尺测出或在轮胎上读出轮辋直径d，并输入至平衡机，如图5-48所示。

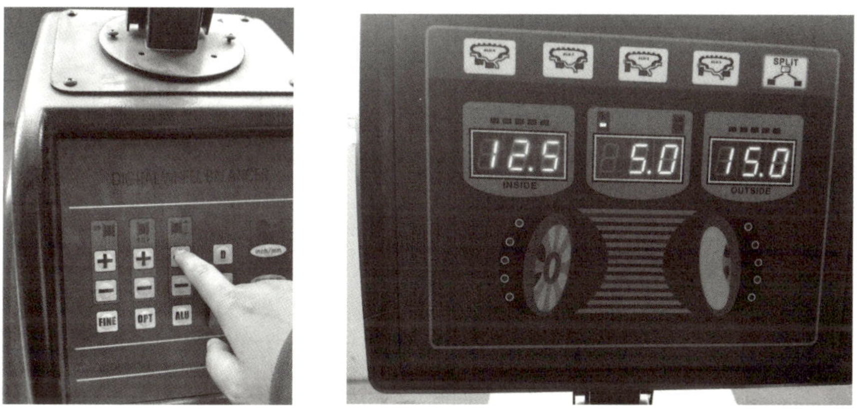

图5-48　测量并输入数据d

（10）放下轮胎保护罩，平衡机启动运转，如图5-49所示。

（11）平衡机自动停止后，此时操作面板显示器上的数据为车轮的不平衡量，必须校正，如图5-50所示。

图5-49　启动平衡机进行检测

图5-50　显示不平衡量

（12）慢慢推转车轮，使左侧显示灯全亮，在轮辋内侧最高点位置安装上相应重量的平衡块，如图5-51所示。

图5-51　安装左侧平衡块

（13）继续慢慢推转车轮，使右侧显示灯全亮，在轮辋外侧最高点位置安装上相应重量的平衡块，如图5-52所示。

图5-52　安装右侧平衡块

（14）放下轮胎保护罩，使平衡机运转，待机器停止后，观察显示器上的读数；如果还有不平衡量，按上述方法继续校正，直至显示器显示“0 0”为止，如图5-53所示。

注意：内、外侧平衡块的数量不能超过3个，否则应更换轮辋。

图5-53　再次检测平衡情况

（15）把校正好的轮胎取下，关闭电源开关，切断电源。

（16）将车轮总成安装到车辆上。

（17）车辆复位，收拾、清洁、整理工具及设备等。

思考与练习

（1）轮胎和车轮对于汽车分别有何作用？

（2）轮胎有哪几种类型？轮胎的磨损标记在什么地方？是什么符号？

（3）在对车轮进行动平衡试验时，需要对车轮测量哪几个数据？

（4）为什么车辆多用真空低压胎或超低压胎，而不用高压胎？

任务三工单 行驶系统的维护与保养任务

1. 任务分组

班级		组号		指导老师	
组长		学号			
小组成员	姓名	学号	角色分工		
			监护人员		
			操作人员		
			记录人员		
			评分人员		

2. 任务准备

设备、工具、耗材准备：抹布若干块、手电筒、举升机、车轮动平衡仪、平衡钳、胎压表、扭力扳手、通用工具、车内（外）三件套、车轮挡块、警示牌、隔离带、安全帽、护目镜等。

3. 任务实施

行驶系统的维护与保养				
车型：			行驶里程：	
VIN码：			电机型号：	
项目及序号		维护作业内容	数据或异常情况记录	维护措施
轮胎换位	1	拧松四个车轮的固定螺栓	□拧松左前轮螺栓 □拧松左后轮螺栓 □拧松右后轮螺栓 □拧松右前轮螺栓	
	2	举升车辆	□举升车辆 □举升机落锁	
	3	拆下四个车轮的固定螺栓并取下车轮	□拆下车轮固定螺栓 □取下车轮总成	
	4	换位安装车轮	□左前轮和左后轮换位安装 □右前轮和右后轮换位安装 □预拧紧四个车轮的固定螺栓	

项目及序号		维护作业内容	数据或异常情况记录	维护措施
轮胎换位	5	按规定力矩拧紧车轮固定螺栓	□降下车辆 □按规定力矩拧紧四个车轮的固定螺栓	
	6	6S复位	□车辆复位 □清扫场地 □整理清洁工具及设备	
车轮动平衡检测与校正	1	拆下车轮总成	□举升车辆并落锁 □拆下车轮总成	
	2	清除轮胎花纹槽中的夹石等异物	□清除轮胎花纹槽中的夹石及泥块	
	3	拆除旧平衡块	□已完成 □未完成	
	4	选择锥体	□选择合适的锥体 □安装到转轴上	
	5	将车轮总成安装到平衡机转轴上	□已完成 □未完成	
	6	检查车轮锁紧情况	车轮是否锁紧:□是 □否 □打开电源开关	
	7	测量并输入数据a	□测量数据a为_____cm □输入数据a	
	8	测量并输入数据b	□测量数据b为_____in □输入数据b	
	9	测量并输入数据d	□测量数据d为_____in □输入数据d	
	10	启动平衡机检测	□已完成 □未完成	
	11	读取数据	左侧不平衡量为:_____g 右侧不平衡量为:_____g	
	12	安装左侧平衡块	□旋转车轮至左侧显示灯全亮 □左侧轮辋最高点安装平衡块_____g	
	13	安装右侧平衡块	□旋转车轮至右侧显示灯全亮 □右侧轮辋最高点安装平衡块_____g	
	14	再次检验平衡数据	□放下防护罩,启动平衡机 左侧不平衡量为:_____g 右侧不平衡量为:_____g 是否平衡: □是 □否	
	15	取下轮胎	□取下轮胎 □关闭电源	
	16	安装车轮总成	□已完成 □未完成	
	17	6S复位	□车辆复位 □整理、清洁工具及设备 清扫场地	
总体状况描述				
总体建议				

4. 考核评价

项目及序号		维护作业内容	评价标准	得分
轮胎换位	1	拧松四个车轮的固定螺栓	工具选用正确，对角顺序拧松四个车轮的固定螺栓	
	2	举升车辆	正确操作举升机将车辆举升到合适高度，并锁止举升机	
	3	拆下四个车轮的固定螺栓并取下车轮	工具选用正确，对角顺序拆下车轮固定螺栓并妥善保管，取下四个车轮	
	4	换位安装车轮	左前轮与左后轮互换位置安装，右前轮与右后轮互换位置安装，并用合适的工具预拧紧车轮固定螺栓	
	5	按规定力矩拧紧车轮固定螺栓	解锁举升机，降下车辆，正确选用并按规定设置扭力扳手，按规定力矩对角顺序拧紧四个车轮的固定螺栓	
	6	6S复位	车辆复位，清洁整理工具，清扫场地	
车轮动平衡检测与校正	1	拆下车轮总成	工具选用正确，正确操作举升机，正确拆下车轮总成，妥善保管车轮固定螺栓	
	2	清除轮胎花纹槽中的夹石等异物	选用合适的工具正确清理花纹槽中的夹石、泥块等	
	3	拆除旧平衡块	使用正确的工具拆除所有旧平衡块	
	4	选择锥体	正确选择锥体，并安装到平衡机转轴上	
	5	将车轮总成安装到平衡机转轴上	将车轮总成放到平衡机转轴上，并用紧固螺母锁紧	
	6	检查车轮锁紧情况	转动车轮，正确判断车轮是否紧固可靠	
	7	测量并输入数据 a	正确测量数据 a，并正确输入	
	8	测量并输入数据 b	正确测量数据 b，并正确输入	
	9	测量并输入数据 d	正确测量数据 d，并正确输入	
	10	启动平衡机检测	正确放下平衡机防护罩，启动平衡机进行检测	
	11	读取数据	读取数据准确，并记录	

项目及序号		维护作业内容	评价标准	得分
车轮动平衡检测与校正	12	安装左侧平衡块	转动车轮使左侧显示灯全亮,选用合适的平衡块,安装到转轴上方的轮辋左侧边缘上	
	13	安装右侧平衡块	转动车轮使右侧显示灯全亮,选用合适的平衡块,安装到转轴上方的轮辋右侧边缘上	
	14	再次检验平衡数据	放下防护罩,启动平衡机重新检测,左右两侧的不平衡量均应为“0 0”	
	15	取下轮胎	拧下平衡机转轴上的快速锁紧螺母,取下车轮总成	
	16	安装车轮总成	正确安装车轮总成,按规定力矩对角顺序拧紧车轮固定螺栓	
	17	6S复位	车辆复位,清洁、整理工具,清扫场地	

参考文献

[1]蔡晓兵,樊永强.新能源汽车维护与保养[M].北京:机械工业出版社,2023.
[2]李元群,黄春耀,陈永进.新能源汽车维护[M].北京:机械工业出版社,2023.
[3]周定武,赵建明.新能源汽车维护[M].北京:机械工业出版社,2023.
[4]敖东光.电动汽车结构原理与检修[M].北京:机械工业出版社,2017.